中国煤炭清洁利用资源评价丛书

中国焦化用煤
煤质特征与资源评价

Quality Characteristics and Resource Evaluation of China Coking Coal

中国煤炭地质总局

朱士飞 等 著

科学出版社

北京

内 容 简 介

本书依据全国主要煤矿区的煤质资料,利用宏观分析、煤质指标、利用情况等资料开展综合分析,建立了焦化用煤煤质评价指标体系,详细介绍了焦化用煤的资源评价方法,统计分析了我国五大赋煤区的主要矿区(煤田)焦化用煤资源分布特征,并划分出保护性开发区。

本书可供从事煤炭地质调查、煤炭清洁利用的科研人员、管理人员及相关专业的师生参考。

审图号:GS 京(2024)1215 号

图书在版编目(CIP)数据

中国焦化用煤煤质特征与资源评价 / 朱士飞等著. —北京:科学出版社,2024.6

(中国煤炭清洁利用资源评价丛书)

ISBN 978-7-03-072351-2

Ⅰ.①中… Ⅱ.①朱… Ⅲ.①煤炭资源-煤质分析-研究-中国 Ⅳ.①TD82

中国版本图书馆 CIP 数据核字(2022)第 089356 号

责任编辑:吴凡洁 崔元春 / 责任校对:王萌萌
责任印制:师艳茹 / 封面设计:蓝正设计

科 学 出 版 社 出版
北京东黄城根北街 16 号
邮政编码:100717
http://www.sciencep.com

北京富资园科技发展有限公司印刷
科学出版社发行 各地新华书店经销
*
2024 年 6 月第 一 版 开本:787×1092 1/16
2024 年 6 月第一次印刷 印张:10 1/2
字数:246 000
定价:98.00 元
(如有印装质量问题,我社负责调换)

本书编委会

主　编：朱士飞

委　员：朱士飞　秦云虎　吴国强　宁树正

　　　　张谷春　柯　妍　王双美　张　静

　　　　何建国　乔军伟　邓小利　曹　磊

　　　　张建强　毛礼鑫　吴　蒙

　　煤炭是我国的基础能源，在我国能源结构中的重要地位在长时期内不会发生根本改变，这是由我国煤炭资源相对丰富、安全可靠、经济优势明显、可清洁利用等特点所决定的。煤炭清洁高效利用是我国煤炭工业的发展方向，也是 21 世纪解决能源、资源和环境问题的重要途径。国土资源部与国家发展和改革委员会、工业和信息化部、财政部、环境保护部、商务部共同发布的《全国矿产资源规划(2016—2020 年)》提出了严控煤炭增量、优化存量、清洁利用的要求，明确"十三五"时期要积极推进煤炭资源从燃料向燃料与原料并重转变，促进煤炭分级分质和清洁利用。

　　煤炭清洁高效利用的可能性取决于煤炭"质量"特征，煤炭地质研究和资源评价是煤炭清洁高效利用的基础工作和前提条件。"中国煤炭清洁利用资源评价"丛书的编写以中国地质调查局地质调查二级项目"特殊用煤资源潜力调查评价"为基础，充分反映我国煤质评价和煤炭清洁利用的最新研究成果，由中国煤炭地质总局组织下属单位(江苏地质矿产设计研究院、中国煤炭地质总局勘查研究总院、中煤航测遥感集团有限公司、中国煤炭地质总局第一勘探局、中国煤炭地质总局青海煤炭地质局)、中国矿业大学(北京)和中国地质调查局发展研究中心的有关专家和技术人员共同完成。

　　开展"全国特殊用煤资源潜力调查评价"是 2016～2018 年中国煤炭地质总局的重点工作。该研究总体以煤炭资源清洁高效利用为目标，以煤质评价理论为指导，以液化用煤、气化用煤、焦化用煤和特殊高元素煤等特殊用煤资源潜力调查评价为工作重点，充分利用中国煤炭地质总局 60 余年来的资料积累，并吸收近些年在煤岩、煤质、煤类和煤系矿产资源方面开展的科研和调查工作，全面开展特殊用煤资源潜力调查评价工作。在山西、陕西、内蒙古、宁夏、新疆等煤炭资源大省针对《全国矿产资源规划(2016—2020年)》中 162 个煤炭规划矿区开展液化、气化、焦化等特殊用煤资源潜力调查评价。主要研究内容如下：

1. 特殊用煤资源评价指标体系和评价方法

　　以赋煤区—赋煤亚区—赋煤带—煤田—矿区为单元，从宏观煤岩、微观煤岩、煤的化学性质、煤的物理性质、煤的工艺性质、煤中元素等方面开展系统研究，分析不同煤质特征煤炭资源的特殊工业用途。结合目前我国主要液化示范区、气化用煤主要企业对煤质的要求及发展趋势，分析现有评价指标存在的不足，提出一套适合我国现有技术条件下煤炭液化、气化、焦化的综合评价体系，并跟踪煤液化、气化、焦化技术发展对煤质要求的变化，建立液化用煤、气化用煤、焦化用煤指标动态评价体系，并编制了《煤炭资源煤质评价导则》，深化了对我国煤炭资源质量特征的认识，为开展特殊用煤资源调查评价提供了技术方法依据。充分考虑煤炭的煤质特征和煤化工工艺发展需求，对煤炭资源按照一定顺序和原则开展资源评价，划分可以满足不同煤炭清洁高效利用需求的、可以"专煤专用"的特殊用煤资源，构建了《特殊用煤资源潜力调查评价技术要求(试行)》。

2. 特殊用煤赋存规律与控制因素评价

紧密跟踪国内外有关煤炭液化、气化、焦化工艺进展和利用技术发展，有机结合煤地质学、煤地球化学、煤工艺学和环境科学等学科内容，采用各类现代精密测试分析技术，研究不同地质时代、不同大地构造背景、不同成煤环境的特殊用煤时空分布特征，探讨成煤母质、沉积环境、盆地构造-热演化对煤岩、煤质和煤类的影响，查明不同特殊用煤的赋存特征及其控制因素，划分特殊用煤成因类型，揭示不同成因类型清洁用煤资源的时空分布规律，为全面、科学地评价我国特殊用煤资源提供理论依据。

3. 液化、气化、焦化用煤资源潜力调查

在节能减排和经济可持续发展的要求下，优质煤特别是优质煤化工用煤具有重要的应用前景。在"全国煤炭资源潜力评价"的基础上，充分融合近20年新的煤炭地质资料和勘查成果，采用地质调查、采样测试、专题研究等技术方法，按国家煤炭规划矿区—赋煤区—全国三个层面开展特殊用煤调查和研究。以国家煤炭规划矿区内井田(勘查区)为单元，从液化用煤、气化用煤、焦化用煤三个角度进行分级评价，运用科学的方法估算并统计了1000m以浅特殊用煤的保有资源量/储量，厘定我国五大赋煤区液化、气化、焦化用煤资源的时代分布特征、空间分布规律等，摸清了我国清洁用煤资源家底。确定了可供规模开发利用的特殊用煤资源战略选区，提出合理开发利用的政策建议，为国家统筹规划煤炭资源勘查开发与保护利用提供了依据。

4. 全国煤质基础数据库建设

利用地理信息系统技术、大型数据库技术等先进技术手段，在统一的液化、气化、焦化用煤资源信息标准与规范下，收集、整理液化、气化、焦化用煤资源潜力调查评价属性和图形数据，统一属性和图形数据格式，初步建立全国液化、气化、焦化用煤资源潜力调查评价数据库，搭建特殊用煤资源信息有效利用的科学平台，为各级管理部门以及其他用户提供实时、高有序度的资源数据及辅助决策支持。

为使研究成果更具科学性，成书过程中将项目中采用的"特殊用煤"术语改为"清洁用煤"。这套丛书是"特殊用煤资源潜力调查评价"项目组集体劳动的结晶，包括五本全国范围专著，即《中国煤炭资源煤质特征与清洁利用评价》(宁树正等著)、《中国主要煤炭规划矿区煤质特征图集》(宁树正等著)、《煤炭清洁利用资源评价方法》(秦云虎等著)、《清洁用煤赋存规律及控制因素》(魏迎春、曹代勇等著)、《中国焦化用煤煤质特征与资源评价》(朱士飞等著),并有多本省(自治区)级煤炭煤质特征与清洁利用资源评价专著同时出版。从整体上看,这套丛书是对以往煤炭沉积环境、聚煤规律、潜力评价等方面著作的进一步升华,高度集中和概括了全国各主要煤矿区煤岩、煤质研究和资源调查评价的研究成果,把数十年来的煤炭资源调查和煤岩、煤质评价有机结合,在 162 个煤炭规划矿区圈定了以煤炭清洁利用为目标的特殊用煤资源分布区,使得煤炭资源在质量评价上达到了新的高度,为下一步煤炭地质工作指明了方向。因此,这套丛书对当今以利用为导向的煤炭地质勘查、科研、教学有重要的参考价值。

本丛书是在中国煤炭地质总局及下属单位各级领导的关心和支持下撰写完成的,项目研究工作得到中国地质调查局相关部室和油气资源调查中心的指导,资料收集和现场调查得到各省(自治区)煤田(炭)地质局和各煤炭企业的大力协助。感谢中国神华煤制油化工有限公司李海宾主任,内蒙古中煤远兴能源化工有限公司杨俊总工程师,兖州煤业榆林能化有限公司甲醇厂曹金胜总工程师,冀中能源峰峰集团有限公司王铁记副总工程师,神华宁夏煤业集团公司万学锋高级工程师和黑龙江龙煤鹤岗矿业有限责任公司吕继龙高级工程师在资料收集和野外调研中给予的帮助和支持。感谢中国地质调查局发展研究中心谭永杰教授级高级工程师、刘志逊教授级高级工程师、中国矿业大学秦勇教授、傅雪海教授等专家学者在专题研究、评审验收过程中给予的指导和帮助,中国煤炭地质总局副局长兼总工程师孙升林教授级高级工程师、副局长潘树仁教授级高级工程师对项目开展及丛书撰写给予了大力支持,在此一并致谢!

借本丛书出版之际,感谢曾给予支持和帮助的所有单位和个人!

丛书编委会

2019 年 9 月 21 日于北京

前言

"特殊用煤资源潜力调查评价"是中国地质调查局"能源矿产地质调查"下属工程"新能源矿产调查工程"的二级项目，由中国煤炭地质总局组织下属单位(江苏地质矿产设计研究院、中国煤炭地质总局勘查研究总院、中煤航测遥感集团有限公司、中国煤炭地质总局第一勘探局、中国煤炭地质总局青海煤炭地质局)、中国矿业大学(北京)和中国地质调查局发展研究中心的有关专家与技术人员历时三年共同完成。"中国煤炭清洁利用资源评价"丛书的编写以"特殊用煤资源潜力调查评价"项目为基础，充分反映我国煤质评价和煤炭清洁利用的最新研究成果，本书是该丛书之一。

焦化用煤是用于生产焦化产品即焦炭和其他焦化产品的煤，是各焦化用煤煤种的总称。中国焦化用煤煤种齐全，可以进行炼焦配煤，但主要焦化用煤煤种资源/储量相对稀缺，目前优质焦煤、肥煤短缺已成为部分企业保障焦炭质量的障碍；近年来焦化用煤产量中的一部分作为动力煤使用，焦化用煤没有发挥其应有的作用；焦化用煤保有储量占用率比煤炭保有储量占用率高一倍多，长远发展下去必将出现焦化用煤资源紧缺。摸清我国焦化用煤资源开发利用状况，分析其开发利用中存在的问题，提出如何更加科学合理地开发和利用焦化用煤资源的相关发展对策建议，对于保障我国经济的长期稳定发展有着重要意义。

本书考虑影响焦化用煤质量的因素较多，合适的煤类选择主要有 1/3 焦煤、肥煤、焦煤、瘦煤，气煤和气肥煤可作为配煤，通过系统分析整理煤炭矿产储量、勘查数据和煤炭资源预测成果，以及收集和测试的煤岩、煤质等相关化验数据，对比分析现有焦化用煤煤质评价指标与用煤企业煤质评价指标之间的差异，并根据煤样测试分析结果进行调整，制定了焦化用煤煤质评价指标。依据建立的评价指标开展全国范围内焦化用煤资源调查，详细研究焦化用煤资源量及分布特征。同时在综合研究的基础上对开发利用提出建议，划分焦化用煤资源保护性开发区。

本书的撰写是在中国煤炭地质总局及兄弟单位各级领导的关心和支持下完成的，项目研究工作得到了中国地质调查局相关部室和油气资源调查中心的指导，资料收集和现场调查得到了各省(自治区)煤田(炭)地质局和各煤炭企业的大力协助。感谢中国神华煤制油化工有限公司、陕西煤业化工集团神木煤化工产业有限公司、内蒙古中煤远兴能源化工有限公司、兖州煤业榆林能化有限公司甲醇厂、冀中能源峰峰集团有限公司在资料收集和野外调研中给予的帮助和支持。感谢中国矿业大学秦勇教授、李壮福教授等专家学者在专题研讨过程中给予的指导和帮助。借本书出版之际，作者感谢曾给予支持和帮助的所有单位和个人！

朱士飞

2023 年 10 月

目录

第一章

概　况

第一节　焦化用煤资源概况

近年来，围绕煤炭清洁高效利用的讨论逐渐成为能源领域，特别是煤炭行业的焦点话题。这受到两个因素的直接影响：一是 2011 年底我国大面积爆发雾霾引发社会热议，而煤炭燃烧排放的污染物被认为是雾霾的主要来源；二是 2013 年以来我国推动的以治理大气污染物为主要内容的"环保风暴"中，出现了简单粗暴的"一刀切式"禁煤，不顾实际情况强行推行"煤改气""煤改电"等做法产生了较大的社会舆论反响。此外，英国、西班牙、德国等欧洲发达国家为进一步推进能源转型，先后制定了未来关闭煤电厂的时间表，引发了国内对"去煤"问题的讨论。

中国是世界第一煤炭生产和消耗大国，煤炭储量仅次于美俄两国居世界第三位，据新一轮全国煤田预测汇总统计结果，除台湾地区外，我国垂深 2000m 以浅煤炭资源总量为 53663.20 亿 t。其中，煤炭探明保有资源量 14891.90 亿 t，预测煤炭资源量为 38809.40 亿 t，煤炭储量为 14853.80 亿 t。按资源平均采出率 60%及今后年产原煤 40 亿 t 推算，中国仅探明保有资源量至少还可开采 220 年以上。中国是一个富煤、缺油、少气的能源大国，每年消耗的石油几乎有一半需要进口，天然气也从南亚、西亚和俄罗斯等地区与国家进口，因而在今后相当长的一段时期内中国的能源消费仍将以煤炭为主，能源结构在短期内无法改变，但煤炭的消费比例会逐年下降(高聚中和邢荔波，2014)。生态环境部发布的《中国应对气候变化的政策与行动 2018 年度报告》显示，尽管未来煤炭的消费份额将呈现稳定的下降趋势，但直到 2050 年煤炭仍将占据 33.00%～40.00%的份额。与煤炭作为我国主力能源的地位相对应，煤炭也是我国主要大气污染物的最大贡献者。如果煤炭占我国能源消费主体地位的能源结构短期内无法改变，大力推进我国煤炭清洁高效利用就具有极端重要性。煤炭使用过程排放的大气污染物包括直接燃烧排放的大气污染物和相关行业工业过程中使用煤炭而排放的大气污染物两类。煤炭直接燃烧排放的大气污染物是电站燃煤锅炉、燃煤工业锅炉和民用燃煤设备排放的大气污染物，相关行业工业过程中使用煤炭排放的大气污染物是指焦炭、钢铁、水泥、有色金属等生产中焦炉与窑炉烧煤所产生的大气污染物排放。根据"中国煤炭消费总量控制方案和政策研究"项目课题组与清华大学的研究，以 2012 年的数据为基础计算的我国人为排放的大气污染物中，93.00%以上的 SO_2、70.00%的 NO_x、67.00%的烟粉尘、63.00%的一次 PM2.5 排放量及 84.00%的汞(Hg)排放是煤炭直接燃烧和相关行业工业过程中使用煤炭贡献的。可见，通过推进煤炭清洁高效利用对降低相关大气污染物数量，以及我国总体大气污染物排放水平有显著影响。因此，大力推进煤炭清洁高效利用是减少我国大气污染物最有效的路径。

2013 年以来，煤炭清洁高效利用逐渐成为我国环保与能源政策的重要内容，也成为煤炭行业发展的热点话题。2013 年 9 月，国务院发布的《大气污染防治行动计划》的第四部分"加快调整能源结构，增加清洁能源供应"中，明确提出将"推进煤炭清洁利用"作为大气污染防治的手段之一。

中国的原煤产量在 2013 年以前的 60 多年来一直保持持续增长，到 2013 年产量达到 39.74 亿 t，国家统计局数据显示，到 2014 年，我国原煤产量为 38.74 亿 t，同比下降 2.52%（图 1-1）。据统计，2014 年全国 SO_2 排放量已降为 1974.40 万 t，同比下降 2.40%，NO_x 排放量 2078.00 万 t，同比下降 6.70%。

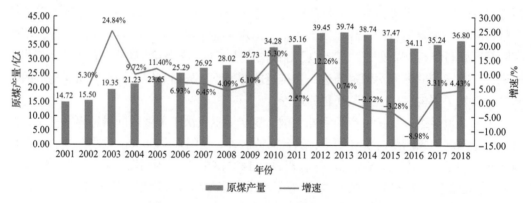

图 1-1　2001～2018 年中国原煤产量及增速图

2014 年，国家能源局、环境保护部、工业和信息化部联合发布了《关于促进煤炭安全绿色开发和清洁高效利用的意见》（简称《意见》）。

《意见》重点提出：到 2020 年，煤炭工业生产力水平大幅提升，资源适度合理开发，全国煤矿采煤机械化程度达到 85%以上，掘进机械化程度达到 62%以上；煤矿区安全生产形势根本好转，煤炭百万吨死亡率下降到 0.15 以下；资源开发利用率大幅提高，资源循环利用体系进一步完善，生态环境显著改善，绿色矿山建设取得积极成效，资源节约型和环境友好型生态文明矿区建设取得重大进展；煤炭清洁高效利用水平显著提高，燃煤发电技术和单位供电煤耗达到世界先进水平，电煤占煤炭消费比重提高到 60%以上；

燃煤工业锅炉平均运行效率在 2013 年基础上提高 7 个百分点,煤炭转化能源效率在 2013 年基础上提高 2 个百分点以上,低阶煤炭资源的开发和综合利用研究取得积极进展,新型煤化工产业实现高效、环保、低耗发展;实现资源利用率高、安全有保障、经济效益好、环境污染少和可持续的发展目标。

《意见》还提出以下主要任务:①科学规划煤炭开发利用规模。到 2020 年,大型煤炭基地煤炭生产能力占全国总生产能力的 95% 左右;煤炭占一次能源消费比重控制在 62% 以内。②大力推行煤矿安全绿色开采。到 2020 年,厚及特厚煤层、中厚煤层、薄煤层采区回采率分别达到 70%、85% 和 90% 以上;鼓励对"三下一上(建筑物、铁路、水体下,承压水体上)"煤炭资源、煤柱和边角残煤实施充填开采。③深入发展矿区循环经济。到 2020 年,煤矸石综合利用率不低于 75%;在水资源短缺矿区、一般水资源矿区、水资源丰富矿区,矿井水或露天矿矿坑水利用率分别不低于 95%、80%、75%;煤矿稳定塌陷土地治理率达到 80% 以上,排矸场和露天矿排土场复垦率达到 90% 以上。④加快煤层气(煤矿瓦斯)开发利用。到 2020 年,新增煤层气探明储量 1 万亿 m^3。煤层气(煤矿瓦斯)产量 400 亿 m^3。其中地面开发 200 亿 m^3,基本全部利用;井下抽采 200 亿 m^3,利用率 60% 以上。⑤提高煤炭产品质量和利用标准。到 2020 年,原煤入选率达到 80% 以上,实现应选尽选;重点建设环渤海、山东半岛、长三角、海西、珠三角、北部湾、中原、长株潭、泛武汉、环鄱阳湖、成渝等 11 个大型煤炭储配基地及一批物流园区。⑥大力发展清洁高效燃煤发电。根据水资源、环境容量和生态承载力,在新疆、内蒙古、陕西、山西、宁夏等煤炭资源富集地区,按照最先进的节能、节水、环保标准,科学推进鄂尔多斯、锡盟、晋北、晋中、晋东、陕北、宁东、哈密、准东等 9 个以电力外送为主的千万千瓦级清洁高效大型煤电基地建设。⑦提高燃煤工业炉窑技术水平。到 2020 年,现役低效、排放不达标炉窑基本淘汰或升级改造,先进高效锅炉达到 50% 以上。⑧切实提高煤炭加工转化水平。2020 年,现代煤化工产业化示范取得阶段性成果,形成更加完整的自主技术和装备体系,具备开展更高水平示范的基础。低阶煤分级提质核心关键技术取得突破,实现百万吨级示范应用。⑨减少煤炭利用污染物排放。到 2020 年,燃煤固体废弃物实现资源化利用率超过 75%。

2016 年《全国矿产资源规划(2016～2020 年)》(简称《规划》)发布实施。到 2020 年,基本建立安全、稳定、经济的资源保障体系,基本形成节约高效、环境友好、矿地和谐的绿色矿业发展模式,基本建成统一开放、竞争有序、富有活力的现代矿业市场体系,显著提升矿业发展的质量和效益,塑造资源安全与矿业发展新格局。2016 年 11 月 29 日,国土资源部党组成员、副部长赵龙介绍《规划》的有关情况时提到,《规划》重点解决五大问题:确保全面建成小康社会资源安全供应,着力推进新常态下矿业经济持续健康发展,加快推动勘查开发布局调整和矿业绿色发展,积极促进矿业开放共享发展,全面深化管理改革增强矿业发展活力与动力。在这样的背景下进行特殊煤炭资源调查评价有利于我国国民经济持续、稳定、快速发展,尤其是在当前国际局势大背景下,掌握我国特殊煤炭资源量和分布,对我国在国际竞争中掌握主动权有着重要的现实意义。

中国焦化用煤煤种齐全，可以进行炼焦配煤，但主要焦化用煤煤种资源/储量相对稀缺，目前优质焦煤、肥煤短缺已成为部分企业保障焦炭质量的障碍；近年来焦化用煤产量中的一部分作为动力煤使用，焦化用煤没有发挥其应有的作用；焦化用煤保有储量占用率比煤炭保有储量占用率高一倍多，长远发展下去必将出现焦化用煤资源紧缺；焦化用煤主要生产基地绝大部分已开发或即将开发，2020 年后可供开发的大型焦化用煤生产基地所剩无几。

焦化用煤在我国经济建设中占据重要的地位，因此深入研究焦化用煤，全面掌握我国焦化用煤的资源情况，可为我国焦化用煤的总体规划、合理开采利用提供可靠的依据。

总体目标任务是：系统收集和分析整理资料，结合煤炭矿产储量核实和勘查数据及煤炭资源预测成果，开展全国范围内焦化用煤资源调查，对焦化用煤资源量及分布特征状态进行详细研究，在综合研究的基础上对开发利用提出建议，划分焦化用煤资源保护性开发区。

第二节 焦化用煤研究进展

一、中国焦化用煤研究现状

焦化用煤是用于生产焦化产品即焦炭和其他焦化产品的煤，是各焦化用煤煤种的总称，据《中国矿产资源报告 2017》统计，截至 2016 年底我国煤炭查明资源储量 15980.01 亿 t，其中焦化用煤保有查明资源储量为 3095.70 亿 t，仅占全国煤炭总储量的 19.37%，焦化用煤可采储量 390.45 亿 t，占焦化用煤保有查明资源量的 12.61%。因此，摸清我国焦化用煤资源开发利用状况，分析其开发利用中存在的问题，提出如何更加科学合理地开发和利用焦化用煤资源的相关发展对策建议，对于保障我国经济的长期稳定发展有着重要意义，截至目前对焦化用煤进行的系统深入研究较少，但也有不少学者从不同角度对其进行了研究。

王彤和曹自由(1990)指出国家将山西离石-柳林(简称离柳)、乡宁和黑龙江勃利三个焦化用煤煤田划为稀缺煤种煤田，要求实行保护性开采。潘伟尔(2003)研究认为，从 2001 年到 2011 年，中国焦化用煤供需呈较快的增长态势且增速前高后低，保持供需基本平衡、局部供应偏紧、价格高位的发展态势。其主要影响因素是国内大中型煤矿的生产能力增速和非法煤矿产量的减速以及钢铁工业的发展速度等。马庆元(2004)系统研究了中国焦化用煤资源的区域分布和煤种分布，发现中国焦化用煤的经济可采储量不高，且主要分布在华北地区，炼焦洗精煤主要产于山西、山东和河北等省份，并指出焦化用煤的开发强度过大，导致大量焦化用煤资源供动力煤使用。

杜铭华(2006)分析了中国焦化用煤资源、生产及质量状况，结合目前煤炭市场的变化以及炼焦工业的发展变化形势，提出要加强宏观调控、合理组织焦化用煤煤种生产，要注重焦煤、肥煤等稀缺煤种的资源保护和高效利用，形成焦化用煤生产和炼焦工业协调发展的格局。邬丽琼(2007)阐述了中国焦化用煤资源地区和煤种的分布以及冶炼精煤的分配使用情况，发现中国的焦化用煤资源主要分布在山西，其次是河北、安徽、山东、黑龙江、河南和贵州等省份。冶炼精煤主要供国内钢铁厂及焦化厂配煤炼焦使用，在实际生产中，为了解决焦化用煤煤源不足的问题，大多采取配煤炼焦。煤岩配煤炼焦理论比较成熟，我国各大中型焦化厂和选煤厂已配备显微镜光度计，反射率分布图广泛应用于焦化厂及选煤厂的煤源检测与动力配煤(Wang，2010)。曹代勇等(2008)、申明新(2007)、高相佐和汤振清(2004)通过分析山西、山东、河北焦化用煤炭资源开发利用现状，认为确保焦化用煤经济的可持续发展，必须加强焦化用煤炭资源的规划与管理，提高焦化用煤资源保障能力，保护与节约并重，合理开发利用焦化用煤资源。樊永山等(2008)研究认为，我国焦化用煤产能所占比例大于资源量所占比例，虽然在今后一段时间内焦化用煤产能能够满足经济发展的需要，但需要适当控制焦化用煤的开发规模，并加强焦化用煤洗选能力的配套建设。

黄文辉等(2010)对中国焦化用煤资源分布特点与深部资源潜力进行分析，中国焦化用煤资源具有以下特点：煤炭资源丰富，但焦化用煤资源所占的比例并不高；煤炭资源分布广泛，全国28个省(自治区)都赋存有焦化用煤，可是焦化用煤资源主要集中分布在为数不多的地区；焦化用煤煤种齐全，但分布不均匀，其中气煤和1/3焦煤在焦化用煤查明资源储量中占较大比例，焦煤与肥煤是炼焦的主力煤种，但所占比例较小；目前华北聚煤区东缘的几个大煤田正以每年约15m的速度向800m深度延伸，个别煤矿的开采深度已到1000m，勘查深度也达1200m，因此，研究深部煤的变质作用意义深远。根据煤的深成变质作用理论，我国华北东缘诸多煤田的深部煤质有可能变好，有可能赋存大量的肥煤、焦煤和瘦煤等稀缺资源，该预测结论若获得验证，将有利于突破我国主要焦煤资源紧缺的瓶颈，为未来我国经济建设提供可靠的资源保障。

王胜春等(2011)从我国焦化用煤资源和炼焦工业现状的角度出发，通过论述两者间存在的矛盾，认为目前国内外炼焦工业正向着大型化、高效、环保、高自动化程度、广开源和优质的方向发展。如何对传统炼焦工艺进行改进革新，对焦炭提质改性并扩大焦化用煤资源，有效缓解优质焦化用煤资源紧张现状和响应全球节能减排需求是焦化行业必须解决的重大课题。

崔荣国和郭娟(2012)认为我国焦化用煤虽然储量相对丰富，但优质焦化用煤储量不足，矿产资源管理部门应当充分认识到"我国焦化用煤的稀缺性"，进一步加强对焦化用煤的管理，引导企业和社会关注焦化用煤，从更加宏观的角度制定勘查、开发政策，并将其定为特定保护矿种，设法抑制其储量持续下降的态势；另外，国际市场供应有限，需求旺盛，出口垄断，进口竞争激烈，价格持续上扬，成本上升，这些均加剧了我国的供需矛盾，因此，我国需要从管理、科技、国际合作等方面开源节流，降低国内焦化用煤供应压力。

白向飞和张宇宏(2013)、白向飞和王越(2015)分析了我国近年来焦化用煤灰分、硫分、磷含量、氯含量等指标的变化特征，指出今后中国传统的基础焦化用煤灰分、硫分增加是大势所趋,需加强煤岩配煤等炼焦技术的研发和应用实践,充分利用中国焦化用煤资源,并尽可能高比例地利用非常规焦化用煤以降低生产成本,并使焦炭质量满足未来高炉生产的需要。

陈文敏等(2015)从中国不同类别煤的基本特性及其储量和产量的分布情况出发,结合我国煤炭当前的利用现状,针对褐煤建议在大力发展脱水、改性提质的基础上开发液化、气化和先进燃烧器等高效洁净利用技术;对其他类别的动力煤,按其煤化度的不同提出了直接液化、间接液化、气化、高炉喷吹和整体煤气化联合循环(IGCC)以及水煤浆等高效洁净利用技术;对焦化用煤应尽量发展能显著节能减排的大容积焦炉和干法熄焦等高效洁净利用技术以及以低阶焦化用煤为主的捣固炼焦技术。

张勋等(2015)、李丽英和郭煜东(2017)、李丽英(2018)认为中国的煤炭资源虽然比较丰富,但焦化用煤资源还相对较少,优质的焦煤、肥煤尤为稀缺,而目前我国对焦化用煤资源的开发强度较大,对优质资源的消耗速度较快。因此,我国应将焦化用煤资源作为国家战略资源,做好科学的开发规划,加强保护性开发和利用,依靠科技创新提高资源采出率、精煤回收率和资源利用率,同时积极开发利用国外优质焦化用煤资源,以保障国家钢铁工业的能源安全供应和可持续发展。

邓小利等(2018)通过统计第四次全国煤炭资源潜力评价稀缺焦化用煤数据,对我国各赋煤区、主要省(自治区)稀缺焦化用煤资源量分布,以及稀缺焦化用煤煤类资源分布及其主要矿区进行分析,认为我国稀缺焦化用煤分布极不平衡,86.70%的稀缺焦化用煤资源量分布于华北赋煤区。我国80.00%的稀缺焦化用煤资源量分布在山西、河北、贵州、河南、黑龙江、安徽、陕西和云南等省份,其中山西稀缺焦化用煤保有资源量最多,约616.40亿t,占全国稀缺焦化用煤保有资源总量的39.30%。我国稀缺焦化用煤不同煤类资源量占比为:焦煤>瘦煤>肥煤>气肥煤>1/3焦煤。焦煤、瘦煤和肥煤资源量占稀缺焦化用煤资源总量的73.30%,全国稀缺焦化用煤分布广泛,但资源量集中在少数的炼焦矿区,各焦化用煤大部分资源量也是集中于少数矿区。山西柳林、霍州、西山古交、乡宁矿区和河北平原含煤区为我国稀缺焦化用煤资源量较大的矿区。

在焦化用煤生产开发领域,Vega等(2017)认为在某些特定情况下通过轻度氧化(mild oxidation)可以改善焦炭的质量,氧化过程也同样影响了焦炭的孔隙度进而影响焦炭的质量,优质焦炭的孔隙度较低,而相较而言低质量的焦炭则具有较高的孔隙体积。Vega等将四种具有相同等级但热塑性性能不同的烟煤在40℃和50℃下氧化一个月,结果表明氧化过程虽然不产生氧含量的重大变化,但会使烟煤的热塑性性能发生显著变化,尤其在50℃氧化时,煤的流动性(fluidity)降低较大,而最大流动性(maximum fluidity)的降低则有利于焦炭质量的提高,而在40℃且最大流动性为16241ddpm的氧化条件下能够维持焦炭的质量。焦炉塑性层的化学作用在炼焦过程中对焦炭形成起着至关重要的作用,并对焦炭质量产生了很大的影响(Soonho et al.,2018),当焦煤在焦炉内加热时,它经历了一个热塑性阶段,在此期间,焦煤变软,形成一个塑料层,由此形成焦炭。而显著影响焦炭形成和质量的孔隙率与孔壁结构主要形成于塑性层(Hays et al.,1976;Fuller,1982;Marsh and Clarke,1987;Nomura and Arima,2000,2001;Kyung,2012),此外,在塑料层中发生的各种现象可能影响焦炉操作和带来相关的安全问题(Loison et al., 1989; Guelton and Rozhkova, 2015)。Gui 等(2017)通过在不同剪切角(15°、30°、45°、60°和75°)下对中焦煤(middling coking coal)进行破碎,研究了剪切力与中焦煤选择性释放之间的关系,通过累计灰分和累计屈服曲线结果发现,当剪切角小于内摩擦角时,中焦煤通过粉碎释放得最好,而高灰分或高剪切角可能使洁净煤的释放更加困难。

二、以往工作研究程度

长期以来,我国煤炭资源的综合利用研究,都以焦化用煤为核心。对影响炼焦过程、焦炭性能的煤质参数如黏结指数($G_{R,I}$)、挥发分(V_{daf})、灰分(A_d)、硫分($S_{t,d}$)、磷分(P_d)等,开展了大量的研究(高莹和郭文琦,2010;王翠萍和李雅楠,2011)。我国埋深600m以上煤炭勘查与开发的强度已经很大,再探查新焦化用煤产地的难度也很大。据中国煤田地质总局组织的第三次全国煤田预测结果,埋深 600m 以上的焦化用煤资源量只占焦化用煤总资源量的23.30%,多数焦化用煤资源赋存在600m以下,因此势必向深部探查焦化用煤。目前华北聚煤区东缘的几个大煤田正向 800m 延伸,个别煤矿的开采深度达1000m左右,勘探深度达 1200m。研究深部煤炭质量已经是当前生产所需。

申明新(2007)在《中国炼焦用煤的资源与利用》一书,全面介绍了我国焦化用煤资源的分布、分类、洗选、炼焦工艺、新技术以及炼焦化学产品的回收利用等内容,研究表明作为生产焦炭的主要煤种焦煤和肥煤资源稀缺,焦煤仅占我国焦化用煤资源的24.00%左右,肥煤与气肥煤仅占13.00%左右,其中还有部分煤高灰、高硫、难洗选,不能用于焦化用煤,优质的焦煤和肥煤资源量更少。

近年来多位研究者发表了研究焦化用煤资源的成果,如张星原(2004)、马庆元(2004)等,他们提供的数据虽不尽相同,但反映的焦化用煤资源分布格局是一致的。值得提出的是,山西煤炭开发强度很大,其中无序开发、不合理利用的情况较严重,采出的焦化用煤中用于炼焦的大约只有一半。多数研究者都为焦化用煤,特别是肥煤、焦煤、瘦煤资源的前景感到忧虑,呼吁保护稀缺煤种,合理开发利用焦化用煤。

对于中国焦化用煤资源的情况一直以来都有学者从不同点出发进行研究,其或者对省或矿区进行研究,尚未有关于焦化用煤全国分布、资源量和开发利用建议的综合研究,本书对中国焦化用煤按煤类进行统计,详细调查了其分布、资源量、煤质,通过分析研究提出合理的开发利用建议,划分保护性开发区,对焦化用煤开采利用规划具有一定的指导作用。

第三节 焦化用煤研究方法

一、研究内容

(一)焦化用煤的划分

开展中国焦化用煤资源量分煤类分布、供需、生产等方面的研究,根据稀缺程度划分出焦化用煤的类别。

（二）焦化用煤分布、资源量和煤质研究

系统收集和分析整理资料，结合煤炭矿产储量核实和勘查数据及煤炭资源预测成果，开展全国范围内焦化用煤资源调查，对焦化用煤分布、资源量和煤质进行详细分析研究。

（三）资源保护建议

在对焦化用煤分布、资源量、煤质，以及供需生产等进行综合分析研究的基础上，从规划生产、资源分配等方面，提供焦化用煤的资源保护建议，划分焦化用煤保护性开发区，为焦化用煤资源保护提供科学的决策依据和技术支撑。

二、技术路线

（一）基础资料的收集及分析整理

本书以收集分析资料为主要手段。我国的区域地质调查、煤炭地质勘查、煤炭资源预测和远景调查、煤炭地质研究和矿产地质成果是本书的基础。

广泛收集煤炭、地矿、石油、地震等系统的地质、地球物理、遥感、矿产勘查资料，以及地层、沉积、构造、岩浆和变质作用等专题研究成果，尤其是第三次、第四次全国煤田预测及煤炭地勘系统积累的大量煤炭资源预测、勘查、生产资料和专题研究成果。

重点研究：在收集以往基础资料的基础上，重点对资源量方面的资料进行分析整理。

（二）综合分析研究

在分析整理以往资料的基础上，通过对焦化用煤资源量、煤质特征方面进行综合研究，结合收集以往我国在一些地区进行的焦化用煤的研究成果，弄清我国各赋煤区、省份焦化用煤的分布规律、资源量构成、煤质变化规律等情况。

重点研究：我国各赋煤区、省份焦化用煤的分布规律、资源量构成、煤质变化规律等情况。

（三）确定焦化用煤保护性开发区

系统收集和分析全国各省份以往煤炭地质工作以及全国煤田预测资料，依据制定焦化用煤煤种划分方案，开展全国焦化用煤资源综合调查，划定焦化用煤保护性开发区。

重点研究：依据焦化用煤划分原则划分保护性开发区。

（四）样品的采集及煤质研究工作

煤样是研究评价煤质的基体，重视取样工作是煤岩学研究的先决条件。取样的质量直接影响对煤的煤岩特征、物理和化学性质及各种工业用途分析的可靠性及正确评价，因此样品的采集必须尽可能如实反映煤层的自然特征。

重点研究：通过煤样的煤质分析和岩矿鉴定与试验，对煤质进行适量野外地质调查验证。

本书对中国焦化用煤的资源量及分布状态进行了详细评述，以及全面、科学、准确地评价，可为国家焦化用煤资源规划、勘查部署和合理开发利用提供依据。技术路线如图 1-2 所示。

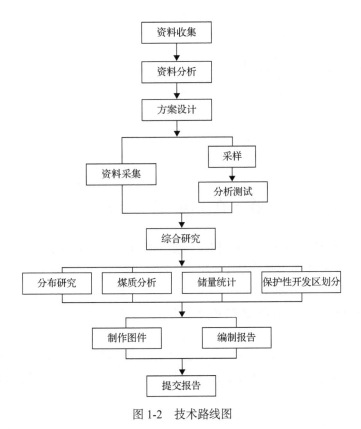

图 1-2 技术路线图

三、技术方法

(一)编制实施方案

依据特殊煤炭资源调查项目总体设计书技术要求，明确焦化用煤资源研究任务、资源表达、参数体系、资料要求、工作流程、预期成果等关键问题，制定实施方案。

(二)综合分析研究焦化用煤资源量及其分布

运用收集的资料进行深入、全面的综合分析，开展全国焦化用煤资源分布情况的调查工作，确定焦化用煤分布区，针对重点矿区进行适量野外地质调查验证工作，通过研究彻底弄清我国各区域、省份焦化用煤的分布规律、资源量构成、煤质变化规律等情况。

第二章

焦化用煤评价指标体系

第一节 编 制 依 据

焦化用煤评价指标体系的编制工作，主要是根据收集的成果资料、调研和测试数据及相关的国家标准来进行，项目涉及的相关标准如下所述。

《煤炭质量分级 第 1 部分：灰分》(GB/T 15224.1—2018)：本标准规定了煤炭按干燥基灰分(A_d)范围分级、命名和煤炭灰分的检验。本部分适用于煤炭资源勘查和煤炭生产、加工利用及销售。

《煤炭质量分级 第 2 部分：硫分》(GB/T 15224.2—2021)：本标准规定了煤炭按干燥基全硫($S_{t,d}$)范围分级、命名和煤炭硫分的检验。本部分适用于煤炭资源勘查和煤炭生产、加工利用及销售。

《煤炭可选性评定方法》(GB/T 16417—2011)：本标准规定了煤炭可选性评定方法、等级的命名和划分。本标准适用于大于 0.50mm 粒级的煤炭。

《煤中全水分的测定方法》(GB/T 211—2017)：本标准规定了测定煤中全水分的试剂、仪器设备、操作步骤、结果计算及精密度。在氮气流中干燥的方式(方法 A1 和方法 B1)适用于所有煤种；在空气流中干燥的方式(方法 A2 和方法 B2)适用于烟煤和无烟煤；微波干燥法(方法 C)适用于烟煤和褐煤。以方法 A1 作为仲裁方法。

《煤中磷的测定方法》(GB/T 216—2003)：本标准规定了煤中磷测定的方法提要、试剂、仪器设备、测定步骤、结果表达及精密度。本标准适用于褐煤、烟煤、无烟煤和焦炭。

《煤化工用煤技术导则》(GB/T 23251—2021)：本标准规定了各种煤化工技术和项目用原料煤的技术要求、资源量要求和优化配置及合理规划要求的指导性原则。本标准适用于煤经化学转化而生产固体产品、液体产品、气体产品等化工产品的煤炭焦化、煤炭气化、煤炭液化等煤化工技术工艺及煤化工工程项目。

《商品煤质量 炼焦用煤》（GB/T 397—2022）：本标准规定了焦化用煤的类别、技术要求、测定方法、质量检验和验收。本标准适用于冶金焦用煤和铸造焦用煤。

《烟煤黏结指数测定方法》（GB/T 5447—2014）：本标准规定了测定烟煤黏结指数的方法提要、试剂和材料、仪器、试验煤样、试验步骤、结果表述、方法精密度和试验报告。本标准适用于烟煤。

《中国煤炭分类》（GB/T 5751—2009）：本标准规定了基于应用的中国煤炭分类体系。本标准适用于中华人民共和国境内勘查、生产、加工利用和销售的煤炭。

《煤的挥发分产率分级》（MT/T 849—2000）：本标准规定了煤的干燥无灰基挥发分产率（V_{daf}）的分级范围。本标准适用于煤炭勘探、生产和加工利用中煤的挥发分产率的分级。

第二节 煤质指标及其对炼焦的影响

适合焦化用煤的煤类主要有气煤、气肥煤、1/3 焦煤、肥煤、焦煤、瘦煤，其中 1/3 焦煤、肥煤、焦煤、瘦煤为主焦煤，气煤、气肥煤为炼焦配煤。根据国家相关标准及收集的资料、调研及测试成果，从挥发分、黏结指数、灰分、硫分、磷分、水分、可选性等煤质指标来分析对炼焦的影响。

一、焦化用煤质量评价指标综述

焦化用煤的质量评价主要从煤的变质程度、岩相组成、黏结性和结焦性、化学成分以及煤的可选性等方面进行，主要使用的评价指标有以下几种。

（一）挥发分

煤的变质程度是烟煤分类的最基本指标之一。烟煤中有机质性质的成因因素首先取决于其变质程度。精确确定煤的变质程度，就确定了它的主要性质和合理利用范围。因此，准确选用煤的变质程度测定方法和其指标的有效检控对合理利用煤炭资源是至关重要的。

挥发分不是煤中的固有物质，而是煤在特定加热条件下的热分解产物，煤的挥发分称为挥发分产率更为确切。挥发分与煤的煤化度关系密切，我国和世界上许多国家都以挥发分作为煤的第一分类指标，以表征煤的变质程度（胡德生等，2000），腐泥煤的挥发分要比腐植煤高，煤化程度低的泥炭挥发分可达 70.00%，褐煤一般为 40.00%～60.00%，变质程度稍高的烟煤一般为 10.00%～50.00%，变质程度高的无烟煤则小于 10.00%；挥发分和煤岩组成也有关系，角质类的挥发分最高，镜煤、亮煤次之，而丝炭的挥发分最低（闫淑文，2018），因此该指标受煤岩成分组成的干扰是个无法弥补的缺陷。挥发分在炼焦过程中的作用是不可忽略的，它在炼焦过程中促进胶质体流动，在成焦后形成了焦炭的部分气孔。

挥发分高低不仅影响焦炭强度，还影响化学产品的收率。挥发分过高，会降低焦炭的机械强度和耐磨强度，使焦炭易成碎块。相反，挥发分过低，尽管有利于提高焦炭的机械强度，但在炼焦过程产生的过高膨胀压力会影响推焦的进行。同时，过低的挥发分也可导致化学产品的收率降低，增大炼焦成本。在实际炼焦过程中，应按不同煤种性质进行适当配合，使挥发分控制在一定范围内，以生产合格的焦炭(王立冬，2017)。一般焦化用煤的挥发分在14.00%~38.00%，通过配煤，装炉煤中还允许有少量煤的挥发分超过上述范围。为提高优质焦的合成效率，炼焦时应多使用挥发分低的煤装炉。但是低挥发分烟煤往往具有强膨胀性，多用低挥发分煤可能会使推焦发生困难，甚至有损焦炉炉体，所以炼焦工艺多数要用配煤(陈鹏，2006)。

（二）黏结性

黏结指数是我国煤炭分类主要指标之一，对焦化用煤而言是最重要的指标。使用低挥发分的煤，可以提高优质焦的成焦率但是过低挥发分烟煤往往具有强膨胀性，使推焦困难(项茹等，2007)。煤的黏结性是指烟煤在干馏时黏结其本身或外加惰性物的能力，反映了烟煤在干馏过程中能够软化熔融形成胶质体并固化熔结的能力，是煤形成焦炭的前提和必要条件，焦化用煤中肥煤的黏结性最好。煤的结焦性是指煤在工业焦炉或模拟工业焦炉的炼焦条件下，结成具有一定块度和强度焦炭的能力，反映烟煤在干馏过程中软化熔融黏结成半焦，半焦进一步热解、收缩以及最终形成焦炭的能力。由此可见，结焦性好的煤除具备足够而适宜的黏结性外，还应在半焦到焦炭阶段具有较好的结焦能力。在焦化用煤中焦煤的结焦性最好。结焦性好的煤必须具有良好的黏结性，但黏结性好的煤却不一定能炼出高质量的焦炭。

测定煤黏结性和结焦性的常用方法有：坩埚膨胀序数[CSN，曾称为自由膨胀指数(FSI)]、罗加指数(R.I.)、黏结指数($G_{R.I}$)、吉泽勒流动度、胶质层指数(y)、奥-阿膨胀度(b)和葛金焦型七种。这七种测定方法大部分是在一定条件下测定煤黏结性或塑性指标，而在硬煤国际分类中，将慢速加热条件下测定的奥-阿膨胀度和葛金焦型作为煤的结焦性指标。

下面分别讨论表征煤的黏结性和结焦性的各种指标的优缺点和适应性，以选择出最佳的评价指标。

1. 胶质层指数

胶质层指数即胶质层最大厚度，一般适用于中等和强黏结性煤。对于弱黏结性煤，如$y<7$mm和胶质体流动性很大的煤(液肥煤)均不易测准；当y值小于10mm和y值大于25mm时，数据的重现性较差。y值在多数情况下能表示胶质体的数量，但不一定能反映其质量，不能确切地反映煤对其他惰性物质的实际黏结性能，因此不能确切地评价煤的结焦性好坏。胶质层指数测定主观因素大，煤样用量大，因此在地质勘探阶段因试

样少而不利于测定；在煤质评价中，其可作为我国煤炭分类中区分强黏结性煤的辅助指标之一。y 值一般具有可加性，这样，配煤的 y 值可根据各配入煤的 y 值和配煤比例计算求得。

2. 奥-阿膨胀度

奥-阿膨胀度表示煤加热软化成胶质状时的最大膨胀率，b 值的大小主要与胶质体的数量、黏度及挥发分析出的速度有关，b 值越大，煤的黏结性越好。b 值的大小取决于煤胶质体的不透气性和塑性期间的气体析出速度，同时与煤的岩相组成有密切关系。奥-阿膨胀度为一综合指标，变动幅度大。对黏结性中等以上的煤特别是煤料偏肥时，可以较好地区分。广泛用于研究煤的黏结成焦机理、煤质鉴定、煤炭分类和指导配煤与预测焦炭强度等。b 值在 1956 年的国际煤炭分类中被确定为煤的结焦性指标。在 1986 年的国家标准《中国煤炭分类》(GB 5751—1986)中，其被确定为区分强黏结煤的一个辅助指标。

3. 罗加指数

罗加指数是测定煤样在规定条件下所得焦炭的耐磨强度指数，用以表示煤样胶质体黏结惰性物质的能力。罗加指数对弱黏结性煤和强黏结性煤的测定结果不准。

4. 黏结指数

黏结指数是针对罗加指数存在的一些缺陷经过研究改进后的一个表征煤黏结性的指标，具有测定快速简易、重现性好、测值稳定、在一定范围内具有可加性等优点，提高了对弱黏结性煤的区分能力，且计算简单，因而易于推广，能反映出氧化对煤黏结性的影响，还包含了煤的还原度，但该指标对弱黏结性煤的黏结性有所夸大，而对强黏结性煤的区分能力又有所缩小。黏结指数是我国煤炭分类的主要指标之一(胡德生等，2000)。

黏结指数不单能较好地表征煤的黏结性，结合焦化用煤煤种牌号可以全面评价焦化用煤煤种的质量和性质，可用作指导炼焦配煤、预测焦炭强度以及作为煤分类等的较好指标。灰分对黏结指数测定值影响较大，但对黏结性强的焦煤、肥煤影响较小。

5. 坩埚膨胀序数

此法的试验仪器和测定方法都十分简单，3～5min 即可完成一次试验，因此应用广泛，在对外贸易中是一种常用的黏结性指标。但由于加热速度极快，对黏结性好的煤区分能力差，确定序号时难以避免主观因素。

6. 吉泽勒流动度

吉泽勒流动度能同时反映胶质体的数量和性质，区分强、弱黏结性煤的能力较强，并且能反映出氧化对煤黏结性的影响。但对胶质体数量极少的弱黏结性煤则无法测定，因此该指标仅能覆盖大部分焦化用煤，不能覆盖弱黏结性煤。吉泽勒流动度是研究煤的流变性和热分解动力学的有效手段，可用于指导配煤和预测焦炭强度。该法规范性强，但重现性较差。实现了自动操作的吉泽勒塑性计，其测值的准确度有较大提高。

7. 葛金焦型

可以比较全面地了解煤热分解的情况，但在评定过程中人为误差较大。实际上葛金焦型 G8 以上已无法进一步区分。葛金焦型是 1956 年硬煤国际分类中鉴别结焦性亚组的一个指标，但中国多以奥阿膨胀度 b 值代替葛金焦型。

由上述可知，黏结指数 $(G_{R.I})$ 和胶质层最大厚度值 (y) 是比较适合评价煤的黏结性的指标，在我国炼焦配煤实践中得到了广泛应用，但反映结焦性较差。考察煤的结焦性时，目前多通过 10kg 小焦炉实验测得的焦炭强度指数(抗碎指数 M_{40} 和耐磨指数 M_{10})作为衡量的指标，M_{40} 越高、M_{10} 越低，焦炭质量越好，产品级别越高(欧阳曙光等，2003)。但在地质勘探阶段，由于样品量较少和设备条件所限，一般无法进行 10kg 小焦炉实验，因此，仍以传统的指标奥-阿膨胀度 b 值或葛金焦型为结焦性指标为宜。

结焦性是与变质程度和黏结性等因素有关的指标，与挥发分的关系表现为：对弱、中、强黏结性煤，随着挥发分的增加，单种煤的 M_{40} 均明显下降，而 M_{10} 则显著上升。在挥发分大致相同的条件下，结焦性与黏结性也有某些关系，就高挥发分煤而言，中等黏结性煤有较好的结焦性；对于中、低挥发分煤来说，黏结性越强，其结焦性越好。

（三）灰分

煤的灰分决定煤的热值，影响煤的工业利用价值，是煤质评价最重要的指标，它直接影响煤的发热量，降低煤的工业利用价值。我国各地区、各煤类煤的灰分变化是很复杂的，最好的煤的灰分可低至 5% 左右，绝大多数煤的灰分为 15.00%～20.00%。我国以灰分在 10.00%～20.00% 的煤为多，占全国尚未占用煤类储量、资源量的 43.90%，灰分在 10.00% 以下的煤占 21.60%，灰分在 20.00% 以下的煤占 65.50%，灰分在 20.00%～30.00% 的煤占 32.70%，灰分在 30.00% 以上的煤占 1.80%。灰分在 20.00% 以下的煤主要分布在内蒙古、陕西、新疆和山西等省(自治区)，占全国尚未占用资源的 52.70%；灰分在 30.00% 以下的煤多分布在四川、山西和安徽，占全国尚未占用资源的 1.00%。

在各时代煤中，灰分小于 20.00% 的煤，古近纪和新近纪为 6.40%，白垩纪为 65.30%，侏罗纪为 99.10%，三叠纪为 59.40%，二叠纪为 46.90%，石炭纪—二叠纪为 34.10%。灰分最高的古近纪和新近纪以灰分 20.00%～30.00% 的煤为主，占 84.90%。各时代煤的平均灰分以侏罗纪最低，古近纪和新近纪最高。

华北地区太原组、山西组煤中灰分等值线图如图 2-1、图 2-2 所示，华南地区晚二叠世煤中灰分等值线图如图 2-3 所示。

在炼焦过程中，煤中的灰分全部转入焦炭中，灰分是焦炭中的有害杂质。煤的灰分高，焦炭的灰分必然也高。由于灰分的主要成分是 SiO_2、Al_2O_3 等酸性氧化物，熔点较高，在炼铁过程中只能靠加入石灰石等溶剂与其生成低熔点化合物才能以熔渣形式由高炉排出，因而会使炉渣量增加。焦炭在高炉内被加热到高于炼焦温度时，由于焦炭与灰分的热膨胀性不同，焦炭沿灰分颗粒周围产生裂纹并逐渐扩大，使焦炭碎裂或粉化。

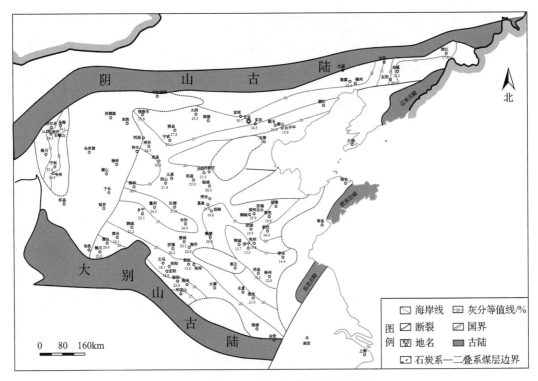

图 2-1 华北地区太原组煤灰分等值线图

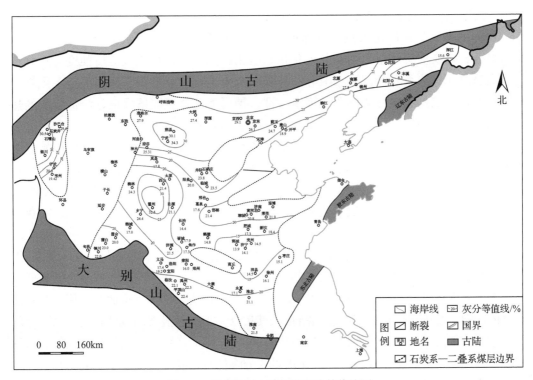

图 2-2 华北地区山西组煤灰分等值线图

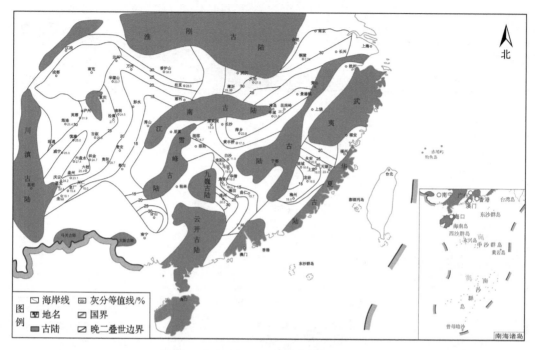

图 2-3　华南地区晚二叠世煤灰分等值线图

此外，焦炭灰分高，则要求适当提高高炉炉渣碱度，高炉气中的钾、钠蒸气含量也相应增加，而这些均加速焦炭与 CO_2 反应而消耗大量焦炭。

焦化用煤中灰分催化指数对所炼焦炭反应性指数(CRI)和焦炭反应后强度(CSR)影响显著，焦炭反应性指数与灰分催化指数呈正相关关系，焦炭反应后强度与灰分催化指数呈负相关关系(武晋晶，2014)；对煤中灰分进行研究发现，高温环境下焦炭的灰分组成是影响焦炭热性质的关键因素，钾、钠可加速焦炭碳溶反应，降低焦炭的热性质(刘虎才等，2015)；通过灰分添加试验得到不同灰分的焦炭，研究了灰分对焦炭碳溶反应起始温度的影响。研究表明，随着焦炭灰分的增加，焦炭碳溶反应起始温度逐渐降低(孔德文等，2015)。一般焦炭灰分每升高 1.00%，高炉溶剂消耗量约增加 4.00%，炉渣量约增加 3.00%，每吨生铁消耗焦炭量增加 1.70%～2.00%，生铁产量降低 2.20%～3.00%。因此，对焦化用煤而言，灰分应尽可能低些。炼焦浮煤的灰分一般应在 10.00%以下，最高不应超过 12.50%。

在冶金工业中，主要是利用焦炭(冶金焦)的发热量，而灰分和发热量呈反比关系(李春林，1995；尤玲等，1998)。灰分含量越高，焦炭的固定碳含量越低，发热量也就越低，同时也会降低焦炭的强度，冶炼时的焦比增加，高炉排渣量增加，进而对冶炼工艺造成不利的影响。另外，炼焦浮煤的黏结指数与其灰分大小有着显著的线性相关关系，浮煤的黏结指数值随灰分的减小而提高(钱纳新，2001)。不同煤种焦化用煤灰分降低时对黏结性改善幅度不同，黏结性较好的焦化用煤灰分降低时，黏结性改善不明显；黏结性较差的焦化用煤灰分降低时，其黏结性改善较为明显。不同煤种焦化用煤灰分降低时所炼焦炭强度变化程度不同，黏结性较好的焦化用煤灰分降低，所炼焦炭强度指标值变化不大；黏结性较差的煤种灰分降低时，所炼焦炭强度指标值提高较大。同一煤种焦化用煤灰分减少时，其所炼焦炭光学组织指数(OTI)值逐渐增加，焦炭的各向异性程度增大，焦化用煤所炼焦炭气孔率与焦炭反应性指数呈正相关关系，即焦炭气孔率变大，反应性升高(张代林等，2017)。

(四)硫分

煤中硫分是评价煤质的另一项重要指标，硫对煤炭利用和环境保护都是十分有害的物质。煤中全硫含量与成煤环境关系密切，陆相沉积的煤全硫含量一般小于 1.50%，海陆交替相沉积的煤全硫含量平均高达 2.00%～5.00%，浅海环境沉积的煤全硫含量可达6.00%～10.00%。

全国尚未占用煤炭储量、资源量中，以全硫含量在 1.00%以下的煤为主，占煤炭资源总量的 50.30%，全硫含量在 1.00%～1.50%的煤占煤炭资源总量的 14.80%，全硫含量在 1.50%～2.00%的煤占煤炭资源总量的 19.40%，全硫含量在 2.00%以上的煤占煤炭资源总量的 15.50%。全硫含量在 1.00%以下的煤主要分布于内蒙古、新疆、陕西等省(自治区)，占 39.10%；全硫含量在 1.00%～2.00%的煤主要分布于山西、陕西、内蒙古等省(自治区)，占 27.20%；全硫含量在 2.00%以上的煤主要分布于山西、贵州、内蒙古、四川、陕西和山东等省(自治区)，占 13.80%。

煤中硫的总体分布规律具有随聚煤区、聚煤时代不同而变化的特点，从全国范围来说，各大区煤中全硫平均含量从高到低的顺序依次为：西南区，2.43%；中南区，1.17%；华东区，1.05%；西北区，1.27%；华北区，1.03%；东北区，0.47%。西南区煤中全硫平均含量最高，全硫含量在 2.00%以上的煤占煤炭资源总量的 43.61%，其他全硫含量级别煤所占比例较小。东北区煤全硫平均含量最低。

在各时代煤中，全硫含量在 1.00%以下的煤，古近纪和新近纪为 21.30%，白垩纪为63.70%，侏罗纪为 77.60%，三叠纪为 6.90%，石炭纪—二叠纪为 23.90%。全硫含量最高的二叠纪煤中，全硫含量大于 2.00%的煤占 63.9%。各时代煤的全硫平均含量以侏罗纪最低，南方二叠纪最高。

华北地区太原组、山西组煤中全硫含量等值线图如图 2-4、图 2-5 所示，华南地区晚二叠世煤中全硫含量等值线图如图 2-6 所示。

煤中硫的赋存形态通常可分为有机硫和无机硫两大类。无机硫又可分为硫化物硫和硫酸盐硫两种，有时含有微量的元素硫。有机硫的含量一般较低，但在低硫煤中所占的比例要大些，其组成较复杂。无机硫以硫化物硫中的黄铁矿为主，其他形式者较少，通过洗选可以部分除去，其脱除程度则取决于黄铁矿形态的硫含量、黄铁矿的夹杂特性以及煤的洗选程度。有机硫基本上脱除不掉，因此，影响焦炭质量的主要是有机硫。在实际应用中一般测定全硫即可，有必要时可以加测成分硫。

在炼焦过程中，煤中硫大部分将残留在焦炭中，称之为固定硫，也有一部分将与挥

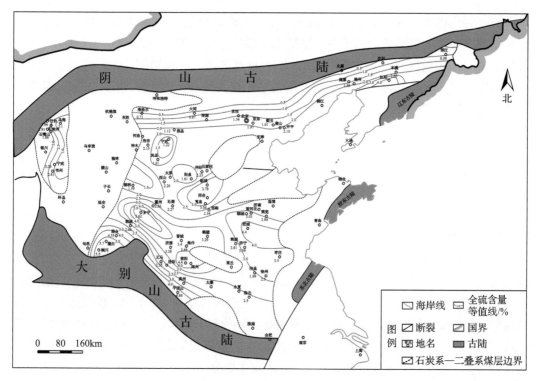

图 2-4　华北地区太原组煤中全硫含量等值线图

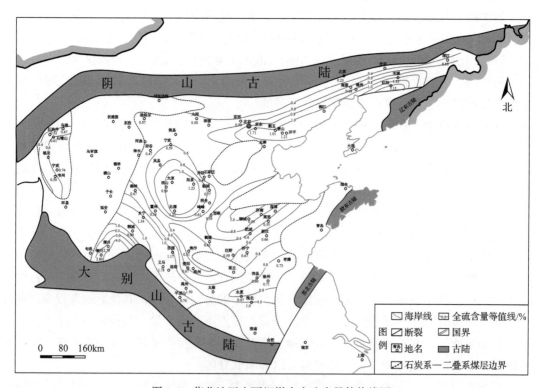

图 2-5　华北地区山西组煤中全硫含量等值线图

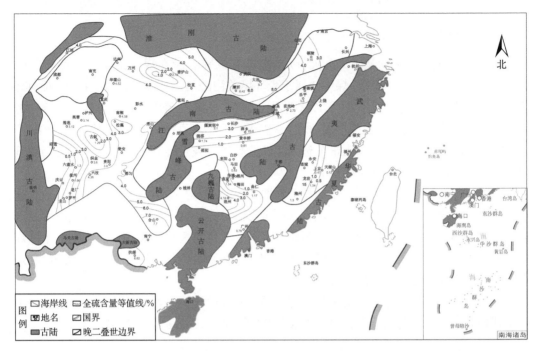

图 2-6　华南地区晚二叠世煤中全硫含量等值线图

发物一起放出，称之为挥发硫。所以，焦炭中的硫含量不仅取决于经洗选后的精煤硫含量，同时也取决于炼焦时的脱硫程度。炼焦时的脱硫程度又取决于煤的性质、挥发分、各种形态硫的含量和炼焦制度。在焦化过程中，精煤有机硫中的多环硫化物难以脱除，环链有机硫分解了，但在焦炭形成过程，分解后的有机硫并没有形成 H_2S 随煤气一道脱出，而是随温度降低又还原为焦炭中有机硫。所以对于每一种煤来说，挥发硫的数量是不一样的，煤中硫的数量和形态对焦炭中的硫含量起着决定性的作用。煤在热解过程中，黄铁矿硫的化学转化能力比有机硫强。除硫酸盐外，煤中其他组成的形态硫均有可能形成挥发硫。焦炭中的硫以 FeS 形式存在，挥发硫则是以 H_2S 等形式放出。总的来说，焦炭中硫含量是随着煤中硫的增高而增高的。

硫无论是对炼焦还是焦炭在炼铁中的应用都是最有害的杂质之一，大部分挥发硫可回收，其部分散失可污染环境。煤中的硫有 80.00%～85.00%保留到焦炭中，而焦炭中的硫会严重影响生铁的质量，因此对焦化用煤来说，全硫含量＜1.00%。

焦炭含硫高会使生铁含硫高，增大其热脆性，同时还会增加炉渣碱度，使高炉运行指标下降。通常焦炭硫分每增加 0.10%，焦炭消耗量增加 1.20%～2.00%，生铁产量减少2.00%以上。此外，焦炭中的硫含量高还会使冶炼过程中的环境污染加剧。由于资源所限，今后中国传统的基础焦化用煤灰分、硫分增加是大势所趋。需加强煤岩配煤等炼焦技术研发和应用实践，充分利用中国高灰、高硫焦化用煤资源，并尽可能高比例地利用非常规焦化用煤，以使焦炭的灰分、硫分、机械强度、反应活性等性能同时满足高炉生产需要(白向飞和张宇宏，2013)。

（五）磷分

煤中的磷主要是无机磷（如磷灰石）及微量有机磷。磷在煤中的含量一般不超过 0.10%，最高也不超过 1.00%。煤中磷属于受环境关注的第二类微量元素，在 26 种对环境影响的元素中的敏感度处于中等水平（陈鹏，2006）。磷与硫不一样，炼焦时，煤中的磷全部转入焦炭中，使钢铁发生冷脆，所以富磷煤一般不能直接用于炼焦（涂华等，2011）。用焦炭炼铁时，焦炭中的磷又大部分进入生铁，使钢铁发生冷脆。同时，磷不能与熔剂化合，也会给高炉的生产带来困难。

中国煤中磷元素与锶、氟元素的相关系数明显高于与其他微量元素的相关系数，这是矿物共生的结果，煤中氟主要以氟磷灰石等形态分布，煤中锶常常以磷锶铝石等复杂磷酸盐矿物形式出现，其他微量元素与磷元素的相关性不密切；不同煤炭类别的中国煤中磷元素含量变化较大，其中贫瘦煤的平均磷含量最高，但仍属于低磷煤，无烟煤和瘦煤次之，气肥煤最低（涂华等，2011）。

在炼焦过程中，灰分是焦炭中的无用杂质。硫和磷无论是对炼焦还是焦炭在炼铁中应用都是最有害杂质之一，故原料煤中灰分等应尽量低（Guo et al.，2007）。

（六）水分

水分是焦化用煤中的无用物质，大量水分在煤的加热干馏过程中会吸收大量的热变成水蒸气而蒸发掉，影响焦炉的热效率。装炉煤水分的多少，以间接或直接的方式影响着炼焦的过程，煤中水分含量少时，煤炭等有效成分占比增高，焦炉生产能力增高；同时减少了脱水所需要的热量，降低能耗。但是过分干燥的炉料又带来煤尘逸散的问题，无水煤在焦炉内会引起更大的膨胀压力，影响焦的收缩过程（潘黄雄，1994）。在焦化用煤的结焦中，水分一直伴随其中，生产实践证明，水分除了对环境造成破坏外，在炼焦过程中还会降低焦炉的热工效率，影响成焦后的气孔大小，而且由于各个环节的水分变化不一致，入炉焦化用煤水分的不稳定，进而影响焦炉的操作；焦化用煤水分的变化对胶质层厚度值的影响较小，但是对胶质体的结焦过程行为有一定的影响，随着水分的降低，胶质体在结焦过程中抵抗恒定压力的能力提高；焦化用煤的水分在结焦过程中会稀释胶质体，影响胶质体的质量，特别是外在水分对结焦过程的影响较大；在结焦过程中，焦化用煤内在水分的影响因素低于外在水分，在考虑干燥的过程中可以不考虑内在水分对焦炭质量的影响（陈鹏等，2016）。水分含量会影响装炉煤的堆密度，这就可能影响生成焦炭的强度和其他性质。因此，对于炼焦生产来说，在一定限度内，煤中水分越低越好。一般说来，把煤料的含水量从 10.00% 左右降低到 4.00% 是有利于炼焦生产的。但煤料的含水量降低得过低，如煤料含水量小于 2.00% 时，煤的（堆）密度反而减小，影响焦炉装煤量。煤中水分含量少时，以质量为基准计算的煤炭等有效成分就多，使焦炉生产能力增高；同时减少了焦化过程中脱水所需要的热量，降低了能耗。水分过高会造成不易过筛及混配料，而且有时会造成堵料，增加输煤操作成本。因此，装炉煤要求适量的水分，以满足工艺操作和焦炭质量的要求，生产实践中把入炉煤水分控制在 5.00%～

7.00%（潘黄雄，1994）。

在实际应用中，煤中水分通常分为应用煤全水分（M_t）和分析煤水分两种。前者即煤在炼焦入炉前所测定的全水分含量，后者为空气干燥煤水分。前者用来指导实际生产，而后者则用来作基准换算。

（七）可选性

煤的可选性表示从原煤中分选出符合炼焦精煤质量的难易程度，通过原煤的浮沉试验分析判断原煤可选性（周尽晖和丁玲，2014）。炼焦时一般不用原煤，原煤多经洗选然后按一定原则进行配煤后才入炉炼焦，因此，对焦化用煤而言，煤的可选性也是一个重要的评价指标。决定煤的可选性的因素有：矿物的分布、密度及其表面性质，煤的密度，煤层的结构和构造，煤岩类型，煤的煤化程度等，其中矿物的分布状态是影响可选性的关键因素。评价煤的可选性的方法有多种，如中煤含量法、可选性曲线形状法、用煤岩学的观点评价煤可选性的方法（如浮煤产率法、煤样密度组成法）等（代世峰等，1996）。

二、煤质指标对炼焦的影响

炼焦的目的主要是获得应用于冶金工业以及化肥工业的高质量的焦炭，其次才是获得化工原料和生产城市煤气。因此，必须首先要了解煤质和焦炭性质（焦炭强度、热性质等）的关系，在此基础上确定反映焦化用煤质量的最优指标。

（一）焦炭强度的影响因素

一般认为，焦炭强度主要取决于煤的结焦性，而煤的结焦性又受煤化度和煤的黏结性这两个因素制约。

胡德生等（2000）选择以下 5 个参数作为宝钢集团有限公司焦炭强度预测与配煤煤质控制参数：挥发分 V_d、黏结指数 $G_{R.I}$、吉泽勒流动度 lgMF、镜质组黏结指数 VCI、惰性物总量 TI（包括惰质组分和矿物质）。这 5 个参数在配煤条件下都有很好的加和性，可以直接计算出配煤的对应值。V_d 用于表达煤在炼焦过程中产生气体的数量，间接反映成焦后焦炭的气孔率大小（同时影响焦炭强度和热性质）。镜质组黏结指数 VCI 是根据煤岩镜质组反射率分布进行计算所获得的，能比较充分地表达煤岩特性，可以准确表达出混煤与单种煤的差别，但该参数也有不足之处，即不能敏锐地反映氧化对煤的黏结性的影响。用 $G_{R.I}$、lgMF、VCI 三个参数进行计算获得综合黏结指数 CCI 以表达炼焦配煤中活性物的特性。检验结果表明，所选影响焦炭质量的三个主要煤质参数 CCI、V_d 和 TI 的预测结果的可信度很高。

康西栋等（1999）对华北晚古生代焦化用煤的结焦性能进行了系统的研究。结果表明，水分虽然对炼焦生产不利，但对焦炭强度的直接影响不明显，煤中矿物质的多少会影响到焦炭的灰分，进而影响焦炭的机械强度。V_{daf} 与焦炭强度主要参数 M_{40} 的相关关系不显著，煤质参数与焦炭强度参数之间不呈线性相关关系，原因是焦炭强度受多因素影响。

对焦炭强度影响较为显著的指标依次为煤的镜质组平均反射率、活惰比、黏结指数以及胶质层最大厚度，这些指标应是配煤炼焦的主要参数。陈启厚(2004)的研究表明，煤显微组分的活惰比对焦炭质量的影响较大，活惰比在 1.8～2.4 所得焦炭质量较好。y、$G_{R.I}$、V_d 与焦炭的机械强度之间没有单一的对应关系，用多因素指标进行焦炭质量的预测效果较好。

综合以上研究结果，可认为影响焦炭强度的主要因素依次为煤岩学参数(镜质组反射率、煤岩组分的活惰比或惰性组分含量)、黏结性指标(黏结指数 $G_{R.I}$、胶质层最大厚度 y、其他反映黏结性的参数)、挥发分含量 V_{daf}。

(二)焦炭热性质的影响因素

焦炭热性质通常采用焦炭的反应性指数 CRI 和反应后强度 CSR 来表示。CRI 以焦炭在高温下与 CO_2 反应一定时间后所失质量占初始质量的百分数表示；CSR 是指反应后的焦炭经 N_2 冷却，在 I 型强度测定转鼓内旋转一定的转数，转后残余大颗粒质量占反应后试样质量的百分数。影响焦炭热性质的因素目前还没有全面了解，一个重要原因是热性质的试验条件各不相同。

人们普遍认为影响焦炭热性质的因素有镜质组随机反射率、流动度、惰性组分含量和灰分中的碱性物含量等。Hara 等(1980)研究发现焦炭反应后强度随煤化程度和惰性组分含量的增加有一最佳值。

张群等(2002a，2002b)、陈启厚(2004)对煤性质对焦炭热性质的影响的试验和分析表明，反映煤变质程度的指标——煤的挥发分和煤的镜质组反射率与焦炭反应性指数 CRI 和焦炭反应后强度 CSR 有着非常密切的关系。随着煤化度的提高，焦炭的 CSR 提高，CRI 降低。挥发分为 22%～26%的煤和镜质组反射率在 1.1%～1.2%的煤，其焦炭热性质 CSR 和 CRI 较好。表征煤黏结性的指标 $G_{R.I}$、y、奥-阿膨胀度(采用全膨胀 $a+b$ 表示)、吉泽勒流动度与焦炭的热性质有一定关系，且基本规律是一致的，但规律的显著性有所差异，前三者的显著性较强，说明四个常用的煤黏结性指标是从煤炼焦过程的不同角度反映煤热解时塑性体的数量和质量。这四个指标对焦炭热性质的影响是非线性的，在一定范围内表现出最大值。灰分和灰成分对焦炭热性质也有一定的影响，尤其是灰成分中碱性氧化物的含量。煤化程度是决定焦炭热性质的一个独立变量，无机质部分是独立于煤化程度决定煤高温干馏生成的焦炭热性质的另一个独立变量，可用矿物质催化指数 MCI 表示，MCI 不仅反映了无机质的正、负催化作用，还反映了作用程度。

胡德生(2002)对部分煤质指标和灰成分对焦炭热性质的影响进行了研究，指出配煤的质量(挥发分、黏结性)是影响焦炭反应性指数 CRI 的第一因素，灰中碱性氧化物及灰分含量是影响焦炭反应性的重要因素，次序是 $V_d > G_{R.I} > Fe_2O_3 > CaO > MgO > K_2O > A_d > Na_2O$。焦炭反应后强度 CSR 的第一影响因素是黏结性，灰中碱性氧化物 MgO、Fe_2O_3、CaO 及灰分含量和炼焦配煤的挥发分是影响焦炭反应后强度的重要因素，次序是 $G_{R.I} > MgO > Fe_2O_3 > CaO > A_d > V_d > K_2O > P_2O_5$。焦炭主要灰成分中 Fe_2O_3、CaO、MgO、K_2O、

Na_2O 碱金属氧化物对焦炭热性质有不利影响，其他主要成分无明显影响。

总之，影响焦炭热性质（CRI、CSR）的主要煤质指标依次为煤的变质程度（$R_{o,max}$ 和 V_d 或 V_{daf}）、黏结性指标（$G_{R.I}$、y、$a+b$ 等指标，活惰比或惰性组分含量也影响黏结性和结焦性）、灰成分（可用 MCI 表示）和灰分（A_d）等。

第三节　焦化用煤评价指标体系

一、焦化用煤评价指标

影响焦化用煤质量的因素较多，首先是合适的煤类选择，主要有 1/3 焦煤、肥煤、焦煤、瘦煤，气煤和气肥煤可作为配煤。挥发分和黏结指数是划分煤类的主要参数，由于本次已经确定了焦化用煤的煤类，不再考虑挥发分和黏结指数这两个指标。水分在焦化用煤中影响较小，本次不作为评价指标。因此焦化用煤主要考虑可选性、灰分、硫分、磷分四个煤质指标，其中灰分、硫分为浮煤指标，焦化用煤评价指标体系见表 2-1。

表 2-1　焦化用煤评价指标体系

煤类	指标等级	灰分 A_d/%	硫分 $S_{t,d}$/%	磷分 P_d/%
气煤	一级指标	≤8.00	≤0.50	
	二级指标	8.00～10.00	0.50～1.00	
气肥煤	一级指标	≤10.00	≤0.75	
	二级指标	10.00～12.50	0.75～1.25	
1/3 焦煤	一级指标	≤8.00	≤0.50	
	二级指标	8.00～10.00	0.50～1.00	<0.05
肥煤	一级指标	≤10.00	≤0.75	
	二级指标	10.00～12.50	0.75～1.25	
焦煤	一级指标	≤10.00	≤0.75	
	二级指标	10.00～12.50	0.75～1.25	
瘦煤	一级指标	≤10.00	≤0.75	
	二级指标	10.00～12.50	0.75～1.25	

注：表中灰分、硫分为浮煤指标（可体现可选性），原煤经过浮沉试验后，密度≤1.4g/cm³，浮煤回收率≥40.00%。

二、指标确定依据

（一）可选性

原煤的可选性是指通过特定的溶液洗选过程，除去煤中夹矸和矿物的难易程度（毛绍胜和邹勇军，2012），评价煤可选性的方法很多，如中间煤含量法、勃氏邻近密度含量法及苏联的特帕鲁可夫指数 TB 法等，但世界上一些主要产煤大国常采用分选密度±0.10 含量法(简称$\delta\pm0.1$含量法)和中间煤含量法(薛改凤等,2009)。通过筛分试验和浮沉试验就能确定原煤的可选性,浮沉实验应符合《煤炭浮沉试验方法》(GB/T 478—2008)或《煤芯煤样可选性试验方法》(MT/T 320—1993)的规定。按照分选的难易程度,将煤炭可选性划分为五个等级,各等级的名称及$\delta\pm0.10$含量见表2-2。

表2-2 煤炭可选性等级的划分　(单位:%)

$\delta\pm0.10$含量	可选性等级
≤10.00	易选
10.01~20.00	中等可选
20.01~30.00	较难选
30.01~40.00	难选
>40.00	极难选

资料来源:《煤炭可选性评定方法》(GB/T 16417—2011)。

从冶炼浮煤的回收率看,抚顺矿区最高,达到98.96%,山西焦煤集团有限责任公司的浮煤回收率也在全国平均值(60.84%)以上,达到69.14%,而开滦矿区的浮煤回收率不到39.00%,表明开滦矿区的肥煤和1/3焦煤以及焦煤的可选性均较差,而七台河矿区和徐州矿区的浮煤回收率更是低至37.00%以下,可选性最差的是水城和海勃湾矿区,浮煤回收率不到32.00%(申明新,2006)。

采样测试数据中,位于山西太原以西西山矿区的炼焦浮煤回收率测试结果在11.13%~70.00%,平均43.03%。位于山西河东煤田南部的乡宁矿区韩咀煤矿炼焦浮煤回收率测试结果在25.31%~45.85%,平均37.88%。通过采样的测试数据分析及资料整理,本次可选性以原煤经过浮沉试验后密度≤1.40g/cm³、浮煤回收率≥40%作为评价指标。

(二)灰分

在中国的焦化用煤资源中,低变质的气煤和1/3焦煤所占的比例较多,占全国焦化用煤资源的39.63%,焦煤的比例居第二位,为24.41%,瘦煤占16.67%,肥煤(包括气肥煤)的比例相对较少,为13.13%,未分类的比例为6.13%。从以上数据可以看出,强黏结性的肥煤和焦煤的比例只占1/3稍多,黏结性较弱的高变质的瘦煤的比例也不少,最多的则是高挥发分的气煤和1/3焦煤。因此本次评价指标体系气煤和1/3焦煤的灰分、硫分指标取值相对严格,气肥煤、肥煤、焦煤、瘦煤的指标取值相对宽松。

本次研究参考了表2-3各矿务局/矿矿冶金焦用煤技术条件中的灰分指标及表2-4所示冶金焦用煤国家标准《商品煤质量 炼焦用煤》(GB/T 397—2022)中的质量要求。在45个不同产地煤冶金焦用煤技术条件的标准中,A_d(%)上限≤10.50%者有13个,相当于《商品煤质量 炼焦用煤》(GB/T 397—2022)中灰分分级的一级和《煤炭质量分级 第1部分:灰分》(GB/T 15224.1—2018)中对冶炼用炼焦精煤灰分分级中的特低灰煤、低灰煤和中灰煤;A_d(%)上限≤11.50%者(10.50%~11.50%,不包括10.50%)有13个,相当于《商品煤质量 炼焦用煤》(GB/T 397—2022)中灰分分级的二级和《煤炭质量分级 第

1 部分：灰分》(GB/T 15224.1—2018)中的中高灰煤；A_d(%)上限≤12.50%者(11.50%～12.50%，不包括 11.50%)有 19 个，相当于《商品煤质量 炼焦用煤》(GB/T 397—2022)中灰分分级的二级和《煤炭质量分级 第 1 部分：灰分》(GB/T 15224.1—2018)中的少部分中高灰煤。

表 2-3　各矿务局/煤矿冶金焦用煤技术条件　　　　(单位：%)

标准号	标准名称	项目与技术要求	
		A_d	$S_{t,d}$
MT 107.11—1985	冶炼用鹤壁精煤质量标准	≤10.50	≤0.40
MT 292.1—1992	冶金焦用抚顺矿务局煤技术条件	≤12.50	≤0.80
MT 293.1—1992	冶金焦用南桐矿务局煤技术条件	≤12.50	≤2.00
MT 295.1—1992	冶金焦用沈阳矿务局煤技术条件	≤12.00	≤2.00
MT 296.1—1992	冶金焦用双鸭山矿务局煤技术条件	≤9.50	≤0.50
MT 298.2—1992	冶金焦用水城矿务局煤技术条件	≤12.50	≤1.50
MT 299.3—1992	冶金焦用鹤岗矿务局煤技术条件	≤10.50	≤0.30
MT 300.1—1992	冶金焦用盘汇矿务局煤技术条件	≤12.50	≤0.50
MT 302.1—1992	冶金焦用韩城矿务局煤技术条件	≤11.00	≤1.00
MT 107.5—1995	冶金焦用永荣矿务局煤技术条件	≤11.00	≤1.00
MT/T 340.1—1994	冶金焦用淮北矿务局煤技术条件	≤12.50	≤1.00
MT/T 341.1—1994	冶金焦用大屯煤电公司煤技术条件	≤9.50	≤0.70
MT/T 342.1—1994	冶金焦用七台河矿务局煤技术条件	≤12.50	≤0.30
MT/T 343.1—1994	冶金焦用西山矿务局煤技术条件	≤11.00	≤1.00
MT/T 345.2—1994	冶金焦用霍州矿务局煤技术条件	≤11.00	≤1.00
MT/T 348.1—1994	冶金焦用萍乡矿务局煤技术条件	≤10.50	≤1.00
MT/T 349.1—1994	冶金焦用潞安矿务局煤技术条件	≤10.50	≤0.40
MT/T 431.1—1995	冶金焦用丰城矿务局煤技术条件	≤12.50	≤1.50
MT/T 433.4—1995	冶金焦用窑街矿务局煤技术条件	≤10.00	≤1.00
MT/T 434.1—1995	冶金焦用六枝矿务局煤技术条件	≤12.50	≤2.50
MT/T 435.1—1995	冶金焦用通化矿务局煤技术条件	≤12.50	≤0.80
MT/T 437.1—1995	冶金焦用一平浪煤矿煤技术条件	≤11.50	≤1.50
MT/T 438.1—1995	冶金焦用后所矿务局煤技术条件	≤12.50	≤0.50
MT/T 510.2—1995	冶金焦用乌达矿务局煤技术条件	≤7.00	≤2.01
MT/T 512.2—1995	冶金焦用平顶山矿务局煤技术条件	≤11.50	≤1.00
MT/T 513.2—1995	冶金焦用邯郸矿务局煤技术条件	≤11.00	≤1.50
MT/T 514.1—1995	冶金焦用徐州矿务局煤技术条件	≤11.00	≤1.00
MT/T 598.1—1996	冶金焦用攀枝花矿务局煤技术条件	≤11.50	≤0.70
MT/T 601.1—1996	冶金焦用涟邵矿务局煤技术条件	≤11.50	≤1.00

标准号	标准名称	项目与技术要求	
		A_d	$S_{t,d}$
MT/T 602.2—1996	冶金焦用天府矿务局煤技术条件	≤12.50	≤1.50
MT/T 603.2—1996	冶金焦用华蓥山矿务局煤技术条件	≤12.50	≤3.00
MT/T 606.1—1996	冶金焦用开滦矿务局煤技术条件	≤11.50	≤1.20
MT/T 607.1—1996	冶金焦用淮南矿务局煤技术条件	≤11.50	≤1.00
MT/T 608.1—1996	冶金焦用兖州矿务局煤技术条件	≤11.50	≤1.00
MT/T 611.1—1996	冶金焦用淄博矿务局煤技术条件	≤12.00	≤1.00
MT/T 612.1—1996	冶金焦用枣庄矿务局煤技术条件	≤9.00	≤2.50
MT/T 614.1—1996	冶金焦用广旺矿务局煤技术条件	≤12.50	≤1.50
MT/T 615.1—1996	冶金焦用田坝煤矿煤技术条件	≤12.50	≤0.25
MT/T 616.1—1996	冶金焦用坪石矿务局煤技术条件	≤10.00	≤2.50
MT/T 617.1—1996	冶金焦用中梁山矿务局煤技术条件	≤12.50	≤1.50
MT/T 618.1—1996	冶金焦用汾西矿务局煤技术条件	≤10.50	≤1.50
MT/T 725.2—1997	冶金焦用新汶矿务局煤技术条件	≤10.50	≤1.00
MT/T 726.2—1997	冶金焦用肥城矿务局煤技术条件	≤10.00	≤2.50
MT/T 729.3—1997	冶金焦用义马矿务局煤技术条件	≤12.50	≤1.50
MT/T 730.1—1997	冶金焦用鸡西矿务局煤技术条件	≤12.50	≤0.50

表 2-4　冶金焦用煤技术要求

项目	技术要求	实验方法
煤种类别	1/2 中黏煤、气煤、气肥煤、1/3 焦煤、肥煤、焦煤、瘦煤、贫瘦煤	
A_d/%	一级：≤10.00 二级：10.01～12.50	CB212
$S_{t,d}$/%	一级：≤1.50 二级：1.51～2.50	CB214
M_t/%	≤12.00	CB211

资料来源：《商品煤质量　炼焦用煤》（GB/T 397—2022）。

注：①精煤 A_d、$S_{t,d}$、M_t 均按月计算。

②根据资源情况，对稀缺的肥煤、焦煤、瘦煤，根据煤炭生产的可能，仅需双方协商，煤矿供给用户精煤的 $S_{t,d}$ 可为 1.51%～2.50%。

③原煤中小于或等于 0.50mm 的煤泥量大于或等于 20.00% 时，细精煤 M_t 可略高于 12.00%。

不同产地煤的冶金焦用煤技术条件的煤炭标准与相关国家标准的对比见表 2-5。

通过采样的测试数据分析可知，乡宁矿区内煤类以焦煤为主，瘦煤、贫煤次之，2# 煤层灰分含量 2.88%～38.04%，平均 16.56%，洗选后灰分含量普遍小于 8%；西山矿区内煤类主要为焦煤、肥煤、瘦煤，区内 2# 煤层灰分含量 6.87%～39.19%，平均 21.25%，洗选后灰分含量普遍小于 8.00%。

表 2-5　不同产地煤的冶金焦用煤技术条件的煤炭标准与相关国家标准的对比

A_d			$S_{t,d}$		
《商品煤质量 炼焦用煤》(GB/T 397—2022)	《煤炭质量分级 第1部分：灰分》(GB/T 15224.1—2018)	不同产地煤冶金焦 技术条件(相关标准数)	《商品煤质量 炼焦用煤》(GB/T 397—2022)	《煤炭质量分级 第2部分：硫分》(GB-T 15224.2—2021)	不同产地煤 冶金焦技术条件 (相关标准数)
一级：5.01%～10.50%	特低灰煤：≤6.00%	≤10.50%：13个	1级：≤0.50%	特低硫煤：<0.40%	≤0.50%：7个
	低灰煤：6.01%～9.00%		2级：0.51%～0.75%	低硫分煤：0.40%～0.70%	0.50%～1.00%：17个
二级：10.51%～11.50%	中灰煤：9.01%～12.00%	10.50%～11.50%：13个	3级：0.76%～1.00%	中低硫煤：0.71%～0.95%	
	高灰煤：≥12.00%	11.50%～12.50%：19个	4级：1.01%～1.50%	中硫分煤：0.96%～1.20%	1.00%～1.50%：8个
				中高硫煤：1.21%～1.50%	
				高硫分煤：1.51%～2.50%	1.50%～2.00%：3个 ≥2.00%：6个

《煤炭质量分级 第1部分：灰分》(GB/T 15224.1—2018)中炼焦浮煤灰分分级见表 2-6。

表 2-6　炼焦浮煤灰分分级

级别名称	A_d/%
特低灰煤	≤6.00
低灰煤	6.01～8.00
中灰煤	8.01～10.00
中高灰煤	10.01～12.50
高灰煤	>12.50

本次气肥煤、肥煤、焦煤、瘦煤灰分分级确定为一级≤10.00%，二级 10.00%～12.50%；气煤和 1/3 焦煤灰分分级确定为一级≤8.00%，二级 8.00%～10.00%。

（三）硫分

在中国的焦化用煤减灰后的浮煤中，硫分以气肥煤的最高，硫分平均达到 2.17%。硫分最低的是低变质的气煤和 1/3 焦煤，硫分分别为 0.51% 和 0.55%。而变质程度稍高的肥煤和焦煤的硫分超过 1.00%，分别为 1.07% 和 1.15%。瘦煤的平均硫分超过 1.00%。可以看出，中国焦化用煤中的硫分以年轻的气煤和 1/3 焦煤、年老的焦化用煤相对较高（黄岑丽和袁文峰，2009）。

本次研究参考了表 2-3 各矿务局/煤矿冶金焦用煤技术条件中硫分指标及表 2-4 冶金焦用煤国家标准《商品煤质量 炼焦用煤》(GB/T 397—2022)中的质量要求。在 45 个相关标准的 $S_{t,d}$(%)规定中，$S_{t,d}$(%)上限≤0.50%者有 9 个(包括 0.50%以下者)，相当于《商品煤质量 炼焦用煤》(GB/T 397—2022)中硫分分级的 1 级，$S_{t,d}$(%)上限≤1.00%者(0.50%～1.00%，不包括 0.50%)有 18 个，相当于《商品煤质量 炼焦用煤》(GB/T 397—2022)中硫分分级的 2～3 级；$S_{t,d}$(%)上限≤1.50%(1.00%～1.50%，不包括 1.00%)者有 10 个，相当于《商品煤质量 炼焦用煤》(GB/T 397—2022)中硫分分级的 4～5 级；$S_{t,d}$(%)上限≤2.00%者(1.50%～2.00%，不包括 1.5%)有 2 个；$S_{t,d}$(%)上限≥2.00%者有 6 个(其中≤2.50%者 5 个，≤3.00%者 1 个)，$S_{t,d}$(%)上限≥1.75%者均不符合《商品煤质量 炼焦用煤》(GB/T 397—2021)中对硫分的技术要求。

煤炭资源评价硫分按表 2-7 分级。

表 2-7　煤炭资源评价硫分分级　　　　　　　　(单位：%)

序号	级别名称	代号	干燥基全硫分($S_{t,d}$)范围
1	特低硫煤	SLS	≤0.50
2	低硫煤	LS	0.51～1.00
3	中硫煤	MS	1.01～2.00
4	中高硫煤	MHS	2.01～3.00
5	高硫煤	HS	>3.00

资料来源：《煤炭质量分级 第 2 部分：硫分》(GB/T 15224.2—2021)。

《商品煤质量 炼焦用煤》(GB/T 397—2022)中冶金焦用煤硫分分级见表 2-8。

表 2-8　冶金焦用煤硫分分级　　　　　　　　(单位：%)

级别名称	$S_{t,d}$
特级	≤0.30
1 级	0.31～0.50
2 级	0.51～0.75
3 级	0.76～1.00
4 级	1.01～1.25
5 级	1.26～1.50
6 级	1.51～1.75

乡宁矿区硫分含量在 0.13%～2.93%，平均 0.53%，大部分为特低—低硫煤。

西山矿区硫分含量在 0.24%～3.92%，平均 0.96%，大部分为特低—低硫煤。

本次工作参考了表 2-3 各矿务局/煤矿冶金焦用煤技术条件中硫分指标。

综合分析后，将气肥煤、肥煤、焦煤、瘦煤硫分分级确定为：一级≤0.75%，二级

0.75%～1.25%；气煤和 1/3 焦煤硫分分级确定为：一级≤0.50%，二级 0.50%～1.0%。

（四）磷分

《商品煤质量 炼焦用煤》（GB/T 397—2022）中对磷分要求：一级＜0.01%，二级 0.01%～0.05%，三级 0.05%～0.10%，四级 0.10%～0.15%。

陈鹏（2006）认为煤中磷含量一般控制在 0.05%～0.06%。

通过采样的测试数据分析可知，乡宁矿区韩咀煤矿磷含量为 0.01～0.12μg/g，平均 0.03μg/g，西山矿区磷含量 0.01～0.02μg/g，平均 0.01μg/g。

本次将磷分确定为＜0.05%。

第三章

地 质 特 征

第一节　成煤地质背景

一、含煤地层

从早古生代腐泥煤类的石煤至新近纪泥炭，共有 14 个聚煤期，中国含煤地层的时间分布与全球主要聚煤期基本一致。聚煤作用较强的时期是：早石炭世、晚石炭世—早二叠世、晚二叠世、晚三叠世、早-中侏罗世、早白垩世、古近纪和新近纪。在这 7 个主要聚煤期中，以晚石炭世—早二叠世、晚二叠世、早-中侏罗世和早白垩世 4 个聚煤期更为重要，相应煤系地层中赋存的煤炭资源占我国煤炭资源总量的 98% 以上。中国南方和北方含煤地层时代差异主要受控于潮湿气候带的变迁和构造—沉积环境的变化。晚古生代，潮湿气候和大型陆表海拗陷盆地在华北区和华南区相继出现，海陆交替的滨海平原或浅海冲积平原构成了聚煤的有利场所，因此含煤地层得以集中分布。中生代，陆地范围不断扩展，潮湿气候带逐渐变窄并向北迁移，聚煤带随之由南向北偏移，因此晚三叠世含煤地层主要分布于南方，早-中侏罗世含煤地层主要分布于北方，早白垩世潮湿气候带更向北迁移，导致含煤地层集中于内蒙古和东北地区。

早石炭世含煤地层主要分布于华南地区；晚石炭世—早二叠世含煤地层主要分布于华北地区；晚二叠世、晚三叠世含煤地层主要分布于华南地区；早-中侏罗世含煤地层主要分布于华北和西北地区；早白垩世含煤地层主要分布于东北地区；古近纪含煤地层主要分布于东北地区及华北东部地区；新近纪含煤地层则主要分布于华南西部地区及东部地区。

（一）石炭纪含煤地层

我国早石炭世含煤地层主要分布于中国南部、昆仑山—秦岭—大别山以南的华南地区和滇藏地区，其中云南、贵州、湖南、江西、广西和广东地区的含煤性较好，江苏、安徽、浙江、湖北、福建及青海和西藏地区含煤性较差或很差。含煤岩系位于大塘阶中下部，在不同地区其层位上下略有差异。在湘粤一带称为测水组，位于大塘阶中部，贵州南部的旧司组比测水组稍低，云南东部万寿山组更低。测水煤系分为上、下两段：下段为含煤段，一般厚度 60～80m，以泥岩和粉砂岩为主，夹菱铁矿结核，常含两层可采煤层，分别称 3 号煤及 5 号煤，煤厚一般 2m 左右；上段不含煤或仅含煤线，一般厚度 70～90m，由石英砂岩、粉砂岩、泥岩及泥灰岩组成，底部以一套厚层状石英砂岩或含砾石英砂岩与下段为界。浙西的梓山组、粤北的芙蓉山组及桂北的寺门组与测水组完全相当，均含可采煤层，但经济价值略逊于湘中。在华北沉积区，早石炭世中朝地台仍处于隆升状态，其南缘濒临秦岭海槽，在陆缘区有下石炭统发育，但经过多次俯冲、对接和碰撞之后，现仅于豫南固始、商城及陕南山阳、凤县有局部残留。固始的杨山组在多层砾岩中夹有多层极不稳定的薄煤层，是活动区含煤沉积的特点。

（二）石炭纪—二叠纪含煤地层

晚石炭世含煤地层主要分布于中国北部，并且和其以上的二叠纪含煤地层形成一套连续的、密不可分的海陆交互相含煤沉积，因此常将其统称为石炭纪—二叠纪含煤地层。石炭纪—二叠纪含煤地层的主要分布范围为昆仑山—秦岭—大别山一线以北的华北赋煤区，含煤面积 80 万 km^2。该区大地构造单元为华北地台的主体部分，地理分布范围西起贺兰山—六盘山，东临勃海和黄海，北起阴山—燕山，南到秦岭—大别山，包括北京、天津、山东、河北、山西、河南、内蒙古南部、辽宁南部、甘肃东部、宁夏东部、陕西大部、江苏北部和安徽北部的广大地区。另外，石炭纪—二叠纪含煤地层在西北的祁连山、塔里木、准噶尔盆地亦有零星分布，但岩性变化大。

在北纬 41°以北的阴山、大青山、燕山、辽西的阴山—燕辽地层分区，石炭系—二叠系属陆缘山间盆地沉积，其在阴山、大青山称为拴马桩组，在辽西地区称为红螺岘组。华北北部石炭纪—二叠纪含煤地层以山西太原地区的含煤地层为代表，自下而上的岩石地层单位为本溪组(或铁铝岩组)、太原组、山西组、下石盒子组、上石盒子组和石千峰组。其中太原组和山西组是主要含煤地层。太原组由砂岩、粉砂岩、泥岩和层数不等的灰岩及煤层组成，厚 90～100m。愈向北灰岩层数愈少以至缺失，向南则层数逐渐增多。山西组由砂岩、粉砂岩、泥岩及煤层组成，厚 50～60m，不含石灰岩。华北南部石炭纪—二叠纪含煤地层以河南平顶山地区的含煤地层为代表，自下而上的岩石地层单位为铁铝岩组、太原组、山西组、(下)石盒子组、大风口组和石千峰组。此处的大风口组可以与太原地区的上石盒子组相当，但由于其中含可采煤层而且岩层颜色明显不同而另有组名。和华北北部不同，华北南部的太原组一般只含局部可采的薄煤层，其主要含煤层位为山西组和大风口组。山西组由砂岩、粉砂岩、泥岩和煤层组成，厚约 70m。大风口组由砂岩、粉砂岩、紫斑泥岩和煤层组成，厚 500m 左右。在鄂尔多斯西缘的贺兰山地层分区，石炭系—二叠系从下至上划分为红土洼组、羊虎沟组、太原组、山西组、下石盒子组、上石盒子组和石千峰组，主要含煤地层为太原组和山西组，其次为羊虎沟组。华北石炭纪—二叠纪含煤地层存在东西分异、南北分带现象，含煤层位由北向南逐渐抬高。

(三)二叠纪含煤地层

华南地区二叠纪含煤地层呈现多时期、多特征的面貌。整个二叠纪华南地区均有含煤沉积发育,含煤地层广泛分布于秦岭—大别山以南、龙门山—大雪山—哀牢山以东的华南赋煤区内。该区大地构造单元属扬子地台和华南褶皱系,地理分布范围包括西南、中南、华东和华南的 12 个省(自治区,直辖市)。在杭州—鹰潭—赣州—韶关—北海一线以南的东南地层分区,二叠纪含煤地层主要形成于早二叠世晚期,其在闽西南、粤东、粤中称童子岩组,在浙西称礼贤组,在赣东一带称上饶组。在连云港—合肥—九江—株洲—百色一线以南的江南地层分区,二叠纪含煤地层主要为海陆交互相的龙潭组,其次是以碳酸盐为主的合山组。在龙门山—洱海—哀牢山一线以东、秦岭—大别山以南的扬子地层分区,晚二叠世含煤地层以碳酸盐沉积为主的称为吴家坪组,以海陆交互相为主的称为龙潭组和汪家寨组,以玄武岩屑为主的陆相沉积称为宣威组。晚二叠世含煤地层存在明显的穿时现象,含煤层位由东向西抬高,在东南分区为下二叠统,在江南分区为下二叠统上部的茅口阶(龙潭组下部),在扬子分区为上二叠统龙潭阶和长兴阶(均为龙潭组)。

早二叠世晚期含煤地层称梁山组,由细砂岩、粉砂岩、铝土质泥岩等组成,夹 1~3 层碳质泥岩或薄煤层,煤厚很不稳定。地层厚度一般为 10~30m,薄者仅数米,厚者可超过 200m。

华南中-晚二叠世含煤地层是中国南方最重要的含煤层位。

东部以闽西南的龙岩、永定为代表,含煤地层称童子岩组,岩性可分为三段:下段为细砂岩、粉砂岩及煤层,厚 240m,含可采煤层 6 层;中段为海相段,由粉砂岩及黑色泥岩组成,厚 130m,不含煤;上段由砂岩、粉砂岩及煤层组成,厚 400m,含可采煤层 6 层。

中部以赣中的乐平、丰城为代表,称龙潭组。在自浙北至赣西的多数范围内,按岩石地层特征可分为 4 段:①下段官山段,由砂岩、粉砂岩、泥岩以及碳质泥岩和薄煤层组成,亦称 A 煤组,其上部为中粗粒长石石英砂岩。②中段老山段是主要含煤段,下部以页状泥岩为主,夹粉砂岩,含主要煤层,层数少但有一层稳定可采,称 B 煤组,其中部和上部为海相碎屑岩,中部以富含菊石化石为特征,上部以富含小个体腕足类化石为特征。③龙潭组的中上段为狮子山段,是一个以细砂岩为主的岩段。④龙潭组上段称王潘里段,是又一个含煤段,以细砂岩、粉砂岩为主,含煤层数多但煤层薄,称 C 煤组。

中部黔西南的六盘水地区是华南最重要的含煤区。这里的龙潭组可以分为三段,煤层主要分布于中、上段。西部由六盘水向西,沿盐津—宣威—个旧一线西侧,二叠纪含煤地层称宣威组,为陆相含煤地层,由砂岩、粉砂岩、泥岩组成,夹菱铁矿,局部发育有砾岩及砂砾岩,厚度变化大,为 10~300m,一般为 100m,东厚西薄,含煤一层至数十层。

（四）三叠纪含煤地层

中国三叠纪具有工业价值的含煤地层主要分布在我国南方，包括四川、云南中部和北部、湖北西部、江西中部、湖北东部、广东北部、福建西北部等地，贵州和西藏也有零星分布，分为三个地区，即西南区、东南区和西北区。晚三叠世含煤地层多属内陆湖泊或山间盆地沉积，岩性变化大，主要含煤层自东向西抬高。西南区的三叠纪含煤地层为须家河组，分为六个岩性段，1段、3段、5段为砂岩段，2段、4段、6段为含煤段。东南区的三叠纪含煤地层为安源组，可以分为三个岩性段，下段称紫家冲段，为主要含煤段，底部为砾岩或砂砾岩，向上以砂岩、粉砂岩为主，一般含煤7～8层；中段称三家冲段，以黑色泥岩为主，夹粉砂岩，富含海相瓣鳃类化石；上段称三丘田段，以石英砂岩及粉砂岩为主，夹数层砂砾岩，含局部可采煤1～4层。西北区在鄂尔多斯盆地、库车盆地等处均有分布并含可采煤层，但由于这一地区侏罗纪煤炭资源十分丰富，三叠纪部分相对便不甚重要。

（五）侏罗纪含煤地层

侏罗纪是中国最主要的成煤时代，且以早-中侏罗世为主。早-中侏罗世形成的含煤地层主要分布在西北赋煤区，由陆相粉砂岩、砂砾岩、泥岩和煤层组成，在华北赋煤区的分布也较为广泛。西北赋煤区由塔里木地台、天山—兴蒙褶皱系西部天山段和秦—祁—昆仑褶皱带、祁连褶皱带、西秦岭褶皱带等大地构造单元组成，地理分布范围包括秦岭—昆仑山一线以北、贺兰山—六盘山一线以西的新疆、青海、甘肃、宁夏等省（自治区）的全部或大部。早-中侏罗世的聚煤作用在西北赋煤区广泛而强烈，所形成的煤炭资源在该区占绝对优势地位。

新疆的早-中侏罗世含煤地层可以准噶尔盆地作为代表，称水西沟群，自下而上分为三个组，下部为八道湾组，中部为三工河组，上部为西山窑组，三个组均以陆相含煤碎屑岩沉积为主。鄂尔多斯盆地早-中侏罗世含煤地层可分为上、下两部分，下部为富县组，分布范围局限于盆地东部及东北部，仅含薄煤层；上部为延安组，是主要含煤层位。在北山—燕辽分区的西段，下-中侏罗统自下而上分为芨芨沟组和青土井群，后者为主要含煤地层；在中段的大青山一带，含煤地层主要为五当沟组和召沟组；在东段地区，主要含煤地层为海房沟组和红旗组。在柴达木—秦祁地层分区，现有木里、阿干镇、窑街、靖远等主要矿区，中侏罗统木里组、阿干镇组和窑街组为主要含煤地层。

除西北区外，北京的侏罗纪含煤地层也很著名，称为门头沟煤系或门头沟群，自下而上包括杏石口组、南大岭组、窑坡组和龙门组。

（六）白垩纪含煤地层

白垩纪含煤地层主要指下白垩统，分布范围集中于中国东北部，包括东北三省和内蒙古东部，在内蒙古中、西部，甘肃北部以及河北北部也有零星分布，我国南部仅在西藏拉萨一带有早白垩世海陆交互相含煤地层分布。大兴安岭、海拉尔盆地群的含煤地层为扎赉诺尔群，包括下部大磨拐河组及上部伊敏组；辽西的早白垩世含煤地层包括下部沙海组及上部阜新组；黑龙江东部的含煤地层称鸡西群，自下而上包括滴道组、城子河组和穆棱组。

(七)古近纪、新近纪含煤地层

我国古近纪、新近纪含煤地层多属于内陆侵蚀或断陷盆地沉积，其展布受盆地规模的限制，含煤层位也各地不一，大致分为北方和南方两片。古近纪含煤地层主要分布于东北、南岭以南及滇西。古城子组、计军屯组为主要含煤层及厚层油页岩层位。云南新近纪含煤地层为中新统的小龙潭组，此外，上新世的含煤地层为昭通组，共含可采煤层三层，总厚一般为 40～100m。

二、含煤盆地构造

在现在的板块构造格局中，中国位于欧亚板块的东南部，属欧亚板块与太平洋板块、菲律宾海板块及印度-澳大利亚板块的拼合部，东部受太平洋板块向亚洲大陆的俯冲作用，西南部受印度板块向北的碰撞挤压，北部则有西伯利亚地块的阻挡或向南挤推，地球动力学环境比较复杂。

我国乃至亚洲大陆是由一些小型地台、中间地块和众多微地块及其间的褶皱带镶嵌起来的复合大陆。中国大陆由于受到古亚洲、特提斯和太平洋三大地球动力学体系的控制，形成了准噶尔-松辽块体、塔里木块体、华北块体、华南块体和青藏块体五大块体(图 3-1)。

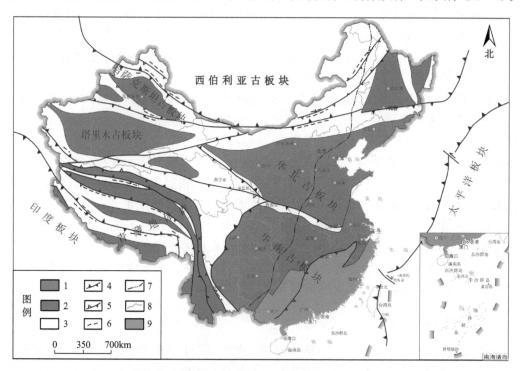

图 3-1　大地构造位置图(夏玉成和侯恩科，1996)

1-前寒武纪固结的陆块；2-微版块或体块；3-褶皱带；4-板块缝合带；5-地壳拼合带；6-蛇绿岩混杂岩；
7-亚洲东部活动大陆边缘西界；8-省界；9-活动大陆

中国各含煤盆地在经历了盆地基底形成、含煤地层沉积和含煤地层变形后形成了现在的东北、华北、西北、华南、滇藏五个赋煤区。这一本质特征决定了我国绝大多数含煤盆地的构造稳定性较差，构造形态复杂多样。

(一)区域构造特征

区域构造通过对煤层形成、埋藏史、受热史、变形史和空间赋存状态的控制作用，影响煤层的生成、富集和开发条件。因此，正确认识煤田区域构造特征及其时空演化，是分析含煤盆地演化及煤炭资源赋存规律的基础。我国大陆主要由华北、扬子和塔里木3个地台组成，包括准噶尔、伊犁、阿拉善、松辽、佳木斯、柴达木、羌北—昌都、羌南—保山、拉萨—腾冲、兰坪—思茅、琼中11个中间地块以及天山—兴蒙(海西)、秦—祁—昆(加里东、海西、印支)、华南(加里东)、滇藏(印支、喜马拉雅)、台湾(燕山、喜马拉雅)等褶皱带，含煤盆地主要位于这些地台、中间地块和褶皱带之上。

我国含煤盆地的基底有地台、褶皱带和中间地块三种类型。中间地块位于褶皱带内，是褶皱带的组成部分，但其基底与地台相似，位于其上的含煤盆地与真正的褶皱带之上的含煤盆地构造特征不同，故另归一类。

第一，地台基底型含煤盆地包括华北地台区和扬子地台区诸多含煤盆地。以地台为基底的含煤盆地的特点是构造稳定，聚煤作用发育，煤炭资源赋存条件简单，储量丰富。它也是我国煤炭资源赋存最丰富的地区。

第二，褶皱带基底型含煤盆地主要包括华南加里东褶皱带上的晚古生代含煤盆地、祁连加里东褶皱带上的晚石炭世盆地，天山—兴蒙褶皱带地区的海西褶皱带上的含煤盆地。以印支期、燕山期和喜马拉雅期褶皱带为基底的含煤盆地在我国很少。我国褶皱带基底型含煤盆地的特点是构造作用强烈，褶皱和断裂发育且复杂，构造煤发育。

第三，中间地块基底型含煤盆地，在我国广泛分布，这些中间地块位于不同时期的褶皱带内或周边被褶皱带环绕。其构造条件变化较大，从简单构造到褶皱和断裂均较发育。

第四，地台与褶皱带过渡区含煤盆地往往挤压和逆冲推覆构造发育，如华北地台与内蒙古加里东褶皱带过渡区域的大青山、下花园、多伦、赤峰、阜新、铁法等含煤盆地，华北地台南缘与秦岭印支褶皱带过渡区域的渭北、豫西、两淮诸多矿区或煤盆地。

(二)区域构造演化

含煤盆地构造演化一般经历盆地基底形成、含煤地层沉积和含煤地层变形三个阶段，盆地现存构造状况是三个阶段演化综合作用的结果。其中含煤地层变形阶段的构造特征决定着煤层的沉降-埋藏史、受热-演化史及其赋存特征。

1. 总体演化历程

我国含煤盆地地质历史复杂，形成演化受到古亚洲、特提斯和太平洋三大地球动力学体系控制。北部的古亚洲体系主要由古蒙古洋及西伯利亚、哈萨克斯坦、塔里木、华北等地台组成。中晚元古代—二叠纪，古亚洲体系内发生洋陆演化以及陆-陆碰撞，对南侧华北地台上的晚古生代聚煤特征起着控制作用。例如，在石炭纪，古蒙古洋向南俯冲，使华北地台北部抬升，形成华北晚古生代聚煤盆地北侧的陆源区，并使聚煤作用由北向南迁移。

西南特提斯体系的演化分为古特提斯（D—T_2）和新特提斯（T_3—E_2）两个阶段。古特提斯洋沿龙木错—双湖—澜沧江、昌宁—孟连一线展布，其演化控制着华南地台上晚古生代的聚煤作用。秦岭海槽是古特提斯北侧的分支洋，对华北、华南含煤盆地的发生发展以及含煤地层的变形具有重要影响。秦岭海槽的全面闭合完成于三叠纪，在其闭合过程中使华北赋煤区南部在晚二叠世平顶山砂岩段沉积时出现新的陆源区。秦岭造山带在燕山期进一步发生陆内汇聚，使华北地台南缘的渭北、豫西、两淮等煤田发育由南向北的逆冲推覆构造，在扬子地台北缘煤田则发育由北向南的逆冲推覆构造。

太平洋体系演化可分为印支期—燕山期的古太平洋和喜马拉雅期的新太平洋两个阶段。印支运动前，中国大陆东侧为被动大陆边缘，隔古太平洋与西太平洋古陆相对。古太平洋从三叠纪晚期开始明显消减，白垩纪初封闭，表现为燕山运动，形成锡霍特阿林—日本—琉球—台湾—巴拉望燕山期造山带和亚洲东缘的火山-深成岩带。中国东部大兴安岭—太行山—雪峰山一线以东全面卷入太平洋构造体系，使该区古生代以来的东西向构造上叠加了北东、北北东向构造。

古、新太平洋体系的演化对我国中生代含煤盆地的形成演化具有重要影响。侏罗纪，东部地区因挤压而形成北东向隆起带，在隆起的背景中派生出次级拉张应力，形成中小型坳陷和断陷盆地，如大兴安岭盆地群、辽西盆地群、京西盆地、大同盆地等；中西部地区则发生大规模坳陷，形成了四川、鄂尔多斯、准噶尔等大型内陆坳陷型盆地。白垩纪，随着东亚大陆边缘的解体，在东北原海西褶皱带基底上形成许多地堑或半地堑断陷盆地，如二连—海拉尔盆地群、阜新—营城盆地群等；在稳定地块上则发育有大中型坳陷及断陷盆地，如三江—穆棱河盆地、松辽盆地等。

新生代，我国处于三大地球动力学体系三向应力作用的动态平衡中，新特提斯洋于始新世关闭，印度板块与欧亚板块碰撞，形成由南向北的挤压应力，使贺兰山—龙门山以西的西北和滇藏赋煤区发生挤压变形，形成诸如准噶尔地块南缘煤田的逆冲推覆等构造，印度板块的推挤还以滑移线场的方式使华南赋煤区向东南滑移。晚第三纪，现代西太平洋沟-弧-盆体系形成，太平洋板块和菲律宾海板块向西或西北方向俯冲，中国东部成为活动大陆边缘，东北、华北和华南赋煤区东部处于伸展状态，以走滑和断陷作用为主。鄂尔多斯盆地、四川盆地是太平洋及特提斯体系构造应力衰减、消失的过渡地带，中新生代以来的大地构造十分稳定。

2. 各赋煤区构造演化

华北赋煤区：它与华北地台的范围基本一致。华北地台是我国最古老的一个构造单元，最早的未变质盖层是中元古界长城系，并在中-晚元古代地台上发育了燕辽、豫陕、贺兰三个裂陷槽，地台北缘在早寒武世早期开始形成统一发展的华北地台。下古生界沉积于陆表海环境，缺失晚奥陶世到早石炭世的沉积。这是华北地台区别于我国其他地台的显著特征之一。华北地台自中石炭世再次开始沉降，海侵由东北部向地台内部推进，聚煤作用广泛发生，形成了统一的华北聚煤盆地。在中石炭世太原期，华北盆地与祁连盆地沟通，聚煤作用强烈，具有海侵-海退"转换期"成煤及区域上"翘板式"聚煤的特点。到晚二叠世晚期的石千峰期，华北地台全部转为干旱气候下的内陆河湖相环境。

华北地台内部在早-中三叠世仍为一个统一的继承性巨型盆地，三叠系与二叠系连续沉积。晚三叠世的印支运动使秦岭褶皱带隆起，太行、吕梁隆起逐渐形成，华北地台的演化发生了质的转折。自此以后，华北地台大致分别以吕梁山和太行山为界，逐渐分化为三个部分：第一部分为吕梁山以西的地区，晚三叠世仍继承原来的构造格局，并进一步产生拗陷形成巨型的鄂尔多斯内陆盆地，形成早-中侏罗世煤系，沉积作用持续到晚白垩世。第二部分为吕梁山与太行山之间的山西地块，印支运动后以隆升为主，三叠系及其以前的地层遭受剥蚀，随后发育小型早-中侏罗世内陆聚煤盆地。第三部分位于太行山以东，印支运动后抬升，三叠系遭受强烈剥蚀，晚白垩世后则卷入环太平洋构造域，以裂陷伸展为主，岩浆活动强烈，新生代断陷盆地十分发育，构造运动以断块差异升降为主，并形成伸展型滑覆构造。

华南赋煤区晚古生代聚煤盆地的区域基底由扬子地台、华南褶皱带、印支-南海地台三个构造单元在加里东期拼合而成，基底的稳定性决定了聚煤作用的特点。扬子地台区较为稳定而聚煤作用相对较强，华南褶皱带基底不稳而聚煤作用相对较弱，印支-南海地台则为晚古生代聚煤盆地的物源区之一。华南在晚古生代为一向西南古特提斯洋方向倾斜的陆表海盆地，聚煤作用主要受古特提斯演化及华南板块上裂陷作用的控制，聚煤盆地东部和西部出现一对遥遥相望的古陆(华夏古陆和康滇古陆)，盆地内部以鄂东南—湘西南—桂东北一线为中心，由硅质岩相向两侧对称逐渐过渡为浅海碳酸盐相、过渡相、陆相和物源区。

中-晚三叠世，秦岭海槽及古特提斯洋封闭，统一的欧亚板块形成。松潘—甘孜褶皱带和右江褶皱带隆起，扬子地台西部及华南东南部成为前陆拗陷带，分别形成川滇、赣湘粤晚三叠纪聚煤盆地，川中、滇中晚三叠世煤炭储量丰富，有一定数量的煤层气资源赋存。印支运动以来，华南赋煤区处于变形阶段。华南褶皱带位于欧亚板块与西太平洋古陆碰撞的前锋，构造变形及岩浆活动十分强烈，扬子地台区变形则较微弱。

西北赋煤区以阿尔金断裂带为界，南、北两部分演化历程有所不同。北部是西伯利亚板块、哈萨克斯坦板块(准噶尔地块和伊犁地块是其组成部分)、塔里木板块向外增生直至碰撞的演化过程，西伯利亚板块与哈萨克斯坦板块在海西期碰撞形成斋桑—额尔齐斯海西褶皱带，哈萨克斯坦板块与塔里木板块在早石炭世初沿南天山缝合带对接而形成天山海西褶皱带。总体上来看，西北地区在早二叠世末已连成统一的大陆，二叠纪—三叠纪处于剥蚀状态，早-中侏罗世夷平的海西褶皱带与准噶尔地块及伊犁地块连成一个巨型内陆湖盆，形成一套河流—湖泊相含煤沉积。阿尔金断裂带以南的柴达木、祁连山和河西走廊地区在早古生代时由北祁连洋、中祁连隆起、柴北洋、柴达木地块等组成，加里东运动期褶皱成陆，河西走廊在石炭纪于褶皱带的基底上接受海侵而形成海陆交互相煤系，二叠纪整体抬升，聚煤作用结束。中祁连和柴达木地块北缘地区在晚三叠世至侏罗纪发生断陷，形成中祁连和柴达木地块北缘早-中侏罗世聚煤盆地。始新世以来，印度板块与欧亚板块发生碰撞，青藏高原、天山等强烈隆起，西北赋煤区遭受挤压变形，在准南、柴北、祁连等地的含煤盆地内均发育由造山带指向盆地、基底隆起指向聚煤拗陷的逆冲推覆构造。

东北赋煤区：东北赋煤区约以松辽盆地为界，东、西两部分分别卷入太平洋体系和古亚洲体系。西部自元古代至古生代末，构造作用主要表现为古亚洲洋的俯冲消减及西伯利亚板块与华北板块的不断增生以至碰撞，两大陆在石炭纪—二叠纪沿二连—贺根山一线对接，形成天山—兴蒙海西褶皱带的东段，该褶皱带往东被松辽地块和南北向的张广才岭褶皱带遮断。三叠纪以来，东北东部受太平洋体系的控制，侏罗纪末古太平洋的闭合在东北赋煤区的东北缘形成乌苏里晚燕山碰撞褶皱带。白垩纪以来，随着西太平洋古陆的裂解和现代太平洋沟-弧-盆体系的形成，中国东部处于裂陷伸展状态，在佳木斯地块和兴安岭海西褶皱带的基底上，分别形成了三江—穆棱河、二连—海拉尔等断陷盆地群。

滇藏赋煤区：滇藏赋煤区的主体为青藏高原，是特提斯体系演化的结果，由一系列中间地块以及缝合带形成块、带相间的大地构造格局。晚古生代煤分布在羌北—昌都地块上，晚三叠世煤分布在羌北—昌都、羌南及兰坪—思茅地块上，早白垩世煤分布在拉萨地块上，古近纪和新近纪煤主要分布在兰坪—思茅、保山和腾冲地块上。这种构造格局导致聚煤作用较弱，后期的强烈挤压变形使煤田构造变得复杂。

我国煤盆地的主要构造特点可以归纳为：

(1)不同类型盆地的聚煤作用有显著差异，其中克拉通盆地、前陆克拉通复合盆地聚煤条件最好，盆地规模大，形成的煤层厚度大而稳定，广泛而强烈。拉分盆地、断陷盆地的聚煤作用次之，盆地规模较小，由于盆缘断裂的控制，往往能形成巨厚煤层，但煤层厚度变化大；前陆盆地、拗陷盆地、山间盆地、裂陷盆地的聚煤条件不一，有时能形成巨厚煤层；陆缘盆地构造活动性强，聚煤作用弱。

(2)克拉通盆地古生代含煤地层后期构造变形普遍强烈；分布于古生代地槽褶皱带上的中生代"地台型"盆地往往聚煤丰富，后期变形微弱；成盆后的造山、造盆作用主要是新构造运动，其使不少盆地又分别被强烈抬升或下陷。

(3)构造域内不同板块构造特点及板块的不同部位聚煤作用具有显著不同。在同一沉积聚煤构造域内，大陆地壳内部聚煤盆地的聚煤作用明显强于过渡壳上的聚煤盆地。大陆地壳内部的盆地由于基底不同，聚煤强度和煤层稳定性也有明显的差异，富煤带或聚煤中心多位于地台、地块之上，地台上的聚煤强度及煤层稳定性好于地块，地块好于褶皱带。

(4)聚煤强度也与地台的固结期有关，在晚古生代塔里木华北沉积聚煤构造域中，华北地台聚煤强度及煤层稳定性好于祁连山加里东褶皱带；在华南晚古生代聚煤盆地，扬子地台的聚煤强度优于华南加里东褶皱带。

<h1 style="text-align:center">第二节 煤 层</h1>

一、石炭纪煤

早石炭世煤主要分布于长江以南的江西、湖南、广东、广西、浙江、云南、贵州及青海和西藏的澜沧江沿岸等地，新疆、陕南和豫东南地区也有零星煤产地。该煤类基本属无烟煤，局部有中、高变质烟煤，如湖南西北部和南部靠近古隆起区边缘地带有瘦煤和贫煤，广西柳城八封岭有肥煤，云南的宜良和嵩明四营有焦煤和瘦煤。湘中地区是我国早石炭世煤的重要产地，测水组煤层发育，煤质好。

晚石炭世本溪组分布于华北以及东北南部和西北东部等地，仅在辽宁、河北、山东、山西的个别地区含有局部可采煤层，为中高灰、中高硫的瘦煤、贫煤和无烟煤，工业价值不大。分布在宁夏、甘肃的羊虎沟组和陕南的草凉驿群一般含透镜状薄煤层，其中宁夏碱沟山煤层发育，煤质好，是少有的优质无烟煤。其他煤产地的煤质较差，煤类为气煤、气肥煤、焦煤和无烟煤等。

晚石炭世—早二叠世太原组广泛分布于华北各地，在河北、山西、山东、江苏、陕西、宁夏等省(自治区)，太原组煤具有工业价值。太原组煤的成因类型以腐植煤占绝对优势。在山西、冀北、鲁西南、鲁中及徐州等地的腐植煤中，腐泥煤和腐植腐泥煤夹层零星分布。太原组煤的煤类复杂，长焰煤、气煤至无烟煤各大类均有。与同煤级的烟煤相比，太原组煤的镜质体降解程度较高，因而其黏结性和结焦性好于山西组煤。

(一)南方早石炭世煤

(1)江西早石炭世测水组含可采煤层，最厚达 14.00m，其称为梓山组中段；湖南湘中一带测水组含煤 3～7 层，可采 2 层，可采总厚 0.60～3.80m，湘南、湘西含煤 1～5 层，一般厚 0.50～1.50m；广东地区忠信组局部含可采煤层 2～3 层，测水组含煤 2～4 层，以曲仁地区最好，可采总厚 4.00m。

(2)广西寺门组仅在桂北的红茂、罗城、柳州和兴全煤田有可采煤层 1～3 层，可采总厚 0.60～4.10m。

(3)皖南、浙北高骊山组，分布于广德—长兴一带，含 1～2 层碳质泥岩夹煤，厚 0.40～0.80m。

(4)云南万寿山组分布于滇东和滇东北地区，仅昆明、彝良、大关、昭通等地含煤，局部含 1～3 层可采煤层，可采总厚 5.00m。

(5)贵州大塘组旧司段广泛分布于毕节—贵定以南地区，在荔波茂兰、都匀、麻江、龙里、贵阳等地含可采煤层 1～3 层，可采总厚 0.70～3.00m。

(6)河南早石炭世杨山组分布于豫东南商固煤田(商城—固始煤田),含局部可采煤层10余层。

(7)陕西南部早-晚石炭世二峪河组分布于山阳二峪河一带,含薄煤层,单层厚0.30~1.50m。

(8)陕西早石炭世大塘组分布于西乡下高川、木竹坝等地,含薄煤层,单层厚0.30~1.50m,灰分25.00%,硫分3.40%,挥发分5.00%,磷0.12%,属无烟煤。

(9)陕西早石炭世四峡口组,分布于凤县—镇安以南、乾佑河与漫川关之间,局部含透镜状薄煤层,灰分大于40.00%,硫分1.80%,属高灰低质无烟煤。

(10)陕西早-晚石炭世草凉驿组分布于凤县草凉驿、草滩沟、罗钵庵及太白黄牛河一带,含3层透镜状煤层,煤层厚0.30~5.00m。

(二)青海和西藏地区早石炭世煤

(1)青海早石炭世俄群嘎组,主要分布于唐古拉山含煤区的扎曲煤田,豹草沟、让江藏嘎、吉耐、查然宁、折贾能等勘探区,含不稳定煤层1~17层,单层厚0.20~7.00m。

(2)西藏马查拉组分布于昌都地区,与青海的唐古拉山含煤区相连,含可采和局部可采煤层30层,单层厚0.80m左右,现有马查拉煤矿和察雅金多煤矿在开采,该矿为高热值的贫煤和无烟煤。

(三)北天山—准噶尔区早石炭世煤

新疆黑山头组主要分布于准噶尔盆地西北部的吉木乃—塔城和布克塞尔地区,在婆罗科努山北坡及美路卡河沿岸又称美路卡河组(现称阿克沙克组)。在准噶尔盆地西北地区含可采薄煤层3~4层,库铁尔煤矿含煤3~5层,可采2层,可采总厚2.20m;苍黄沟煤矿含可采煤层3层,可采总厚3.20m,最大5.50m,均不甚稳定。

(四)北祁连—河西走廊地区早石炭世煤

(1)早石炭世臭牛沟组主要分布于甘肃肃南—永昌至宁夏中卫一带,本组仅在靖远磁窑、景泰黑山、张掖药草洼和民乐等地有局部可采煤层。肃南造矿沟及青海门源娃娃山含煤性较好,有局部可采煤层2~3层,单层厚0.30~1.10m。造矿沟煤矿可采煤层1层,厚0.20~1.70m。

(2)早石炭世靖远组位于臭牛沟组之上,与其呈整合接触,主要分布于永昌夹道以东地区,一般含煤线及石膏层,仅磁窑附近有1层可采煤层,厚1.50m左右。

(五)北方晚石炭世煤

(1)虹螺岘组在辽宁南票苇子沟等地发育较好,含煤8组14层,可采和局部可采13层,可采总厚25.00m。

(2)辽宁本溪组分布于辽西和辽东,辽西的锦州、锦西、凌源至河北省界的广大地区,局部含有一层可采煤层,煤层厚1.20~2.90m,最厚可达10余米。

(3)河北本溪组出露于峰峰、武安、邢台、井陉等煤田,一般含不可采薄煤层 1～3层,其中一层较稳定,在峰峰矿区称尽头煤,偶见可采点,无经济价值。该组在兴隆矿区称马圈子组,含煤 3 层,总厚达 4.50m,局部可采。

(4)山东本溪组分布于各个石炭纪—二叠纪煤田,一般含不可采薄煤层 1～2层,仅济东煤田(济南与淄博之间)的 13、12 两煤层偶尔可采,单层厚 0.80～1.30m,结构简单,但不稳定。

(5)山西的本溪组分布面积很广,基本相当于太原组的范围,含 1～3 层薄煤层,仅在乡宁矿区局部达可采厚度,煤类为焦煤、瘦煤和贫煤。

(6)宁夏羊虎沟组在石嘴山、呼鲁斯台、土坡、油井山一般含薄层透镜状局部可采煤层,以碱沟山含煤性和煤质最好。含可采和局部可采煤层 11 层,可采总厚 12.10m。

(7)甘肃红土洼组+羊虎沟组,以靖远磁窑和井儿川矿区为例,含煤 4 层,单层厚 0.20～1.40m。

(8)太勒古拉组主要分布于新疆南准噶尔和准噶尔西北萨乌尔山一带,该组下部一般含有煤层,那林喀腊山北坡含煤性最好,含煤 15 层,总厚 12.30m,7 层可采,可采总厚 9.40m,煤层极不稳定。

(9)比京他乌组主要出露于塔里木盆地西南缘的西南天山、柯坪、巴楚、叶城—和田地区,底部夹透镜状薄煤层,厚 0.50m。

(10)吉林太原组主要分布于通化矿区和松树镇一带,主采煤层 4 号和 6 号,可采总厚 5.00～10.00m,为焦煤、瘦煤。

(11)辽宁太原组分布于辽西、太子河、辽南区,含煤 3～7 层,可采总厚 3.00～11.00m。主要煤矿有红阳、本溪等,煤类以焦煤、瘦煤、无烟煤为主,其次为气煤、弱黏煤、贫煤。

(12)河北太原组分布于峰峰、邯郸、邢台、井陉、临城、元氏、灵山、垒子等煤田或矿区,在燕山的兴隆矿区称张家庄组+荒神山组,在燕山南麓开滦矿区称开平组+赵各庄组。在广大地区含煤 5～14 层,可采 2～7 层,可采总厚 6.50m。

(13)山西太原组的分布面积约占全省总面积的 40.00%,有沁水煤田、西山煤田、霍西煤田、河东煤田、宁武煤田、大同煤田和浑源、五台、垣曲、平陆等煤产地。含可采煤层 2～8 层,单层厚 0.20～15.00m,可采总厚 4.00～24.00m。

(14)陕西太原组出露于府谷、吴堡、韩城、澄合、蒲白、铜川至泾河一带,含煤 8～9 层,主采层为 5、10、11 三层,单层厚 2.00～10.00m。

(15)宁夏太原组集中分布于贺兰山、香山和灵盐含煤区的横城、韦州矿区。含可采煤层 2～13 层,可采总厚 2.00～25.70m,一般 10.00m 左右,最厚达 41.80m。以气煤、气肥煤、肥煤、1/3 焦煤、焦煤、瘦煤为主,其次为贫煤和无烟煤。

(16)青海太原组分布于祁连煤田及中祁连山西部地区。含不稳定煤层 2～12 层,单层厚 0.20～3.00m。

(17)甘肃太原组分布于景泰煤田、山丹煤田、靖远煤田外围和九条岭、羊虎沟等零星产地。含可采煤层 2～4 层，单层厚 0.80～7.00m。

（18）内蒙古太原组分布于呼鲁斯台、乌达、桌子山、准格尔等矿区和贺兰山的蚕特拉井田。含可采和局部可采煤层 4～8 层，层厚 0.20～5.00m。阴山—大青山区称拴马桩组，煤层发育，但横向很不稳定，结构复杂。煤层总平均厚度 22.00～28.00m，阿刀亥单层最大厚度 40.00m，大炭壕平均厚 22.00m，最大厚度可达 80.00 余米。

（19）青海乌兰煤田位于柴达木盆地东北缘，含煤地层为克鲁克组+扎布萨尕秀组，代表矿区有石灰沟和旺尕秀，含 11～28 层不稳定煤层，单层厚 0.20～2.00m，9～12 层可采。

二、二叠纪煤

北方早二叠世山西组与太原组分布范围大致相同，因其分布广，煤层发育，煤质好，开采条件好，其经济价值高于太原组。煤类及其分布与太原组煤基本相似。下石盒子组煤主要分布在河南及苏北、皖北等地，是平顶山、永夏、徐州、淮南、淮北等矿区的重要开采对象，在陕南有零星矿点，自气煤至无烟煤的各煤类均有，以中等变质程度的烟煤居多，但其中相当数量的煤因灰分高、可选性差而只能作为燃料使用。北方晚石炭世—早二叠世煤中中等变质程度的烟煤所占比重大，分布范围最广，是我国最重要的焦化用煤源。贫煤和无烟煤的储量大，质量好。产于准格尔和晋北部分矿区的长焰煤和少量弱黏煤属中灰、低硫、中高热值的动力煤。

南方早二叠世煤分布于福建、广东、湖南、江西、湖北、江苏、安徽、云南、贵州、四川和陕南等地，其中分布在福建的最有工业价值，占福建全省煤炭资源量的 96%，且煤质好，在其余各省份虽分布面积较大，但经济价值很有限。煤类很复杂，除福建和陕南全属无烟煤外，其余各省份均有中、高变质烟煤和无烟煤。煤级最低的有四川盆地西北边缘龙门山的气煤，苏南、江西、湘西北的少量气煤和气肥煤，而福建早二叠世煤多属构造煤。

晚二叠世是秦岭以南尤其是长江以南的主要聚煤期，含煤地层分布于广东、广西、湖南、江西、浙江、湖北、苏南、皖南和西南地区的川、贵、云、藏等地，煤类很复杂，从气煤到无烟煤各煤类均有。无烟煤比较集中的有两部分：一部分包括川南的松藻、芙蓉、古叙、筠连，贵州的遵义、金沙、织金、纳雍、安顺、普安、兴义，云南的盐津、镇雄和富源老厂等地区；另一部分包括粤北的曲仁、连平煤田，湘南的郴耒煤田，江西的赣南、杨桥、安福、上饶等煤田。晚二叠世煤的灰分各地差异很大，特低灰煤-高灰煤均有，其中有不少优质煤，如湘中牛马司矿区，湘南郴耒煤田，广东曲仁煤田，川南、黔西等地的部分煤层。总体上属特高硫煤的地区有桂西、桂南、湘北、鄂东南、鄂西南、浙北、黔北、川南、苏南、皖南等。

（一）北方早二叠世煤

（1）吉林山西组主要分布于通化矿区和松树镇一带，含可采和局部可采煤层 2～3 层，可采总厚 10.00～15.00m，有气煤、焦煤、瘦煤，局部有天然焦。

(2)辽宁山西组分布于辽西、太子河和辽南区,含煤 7 层,可采 3 层,可采总厚 3.10～9.00m。主要煤矿有红阳、本溪,煤类以焦煤、瘦煤、肥煤为主,其次为气煤、弱黏煤。

(3)山东山西组分布于韩台、陶枣、官桥、滕州、兖州、济宁、巨野、宁阳、临沂、新汶、莱芜、肥城、淄博、章丘、朱刘店、肖云寺等煤田或矿区,含煤 3～6 层,其中可采 1～4 层,可采总厚 2～10m。

(4)安徽山西组分布在淮南、淮北两大煤田,含煤 1～3 层,煤厚 1.60～7.00m。

(5)江苏山西组分布于徐州和丰沛矿区。含煤 3～5 层,可采 2 层,单层厚 2.00～6.00m,丰沛矿区最发育。

(6)河南山西组含二煤段,含煤 2 层,主要可采煤层二$_1$平均厚 5.40m,主要分布于确山、平顶山、禹县、临汝、登封、新密、荥巩、偃龙、宜洛、陕渑、新安、济源、焦作、安阳、鹤壁、永夏等煤田。

(7)河北山西组分布于峰峰、邯郸、邢台、临城、元氏、垒子、井陉等煤田或矿区,在兴隆地区称茂山组,在燕山南麓称大苗庄组+唐家庄组。含可采和局部可采煤层 3～7 层,可采总厚 4～12m。

(8)北京山西组分布于京西矿区和京东的牛栏山和长山等地,含 1～5 层可采和局部可采煤层,可采总厚 6.50～10.30m,京西基本为无烟煤,京东为气煤和肥煤。

(9)山西的山西组分布范围与太原组相当,约占全省总面积的 40%,含可采煤层 1～4 层,可采总厚 4.00～7.00m。

(10)陕西山西组分布于泾河一韩城以北,包括铜川、蒲白、澄合、韩城、吴堡、府谷等矿区。含煤 1.00～3.00 层,主要可采煤层为 3 号煤层。

(11)宁夏山西组的分布范围与太原组基本一致,煤层发育于贺兰山含煤区和横城、韦州、线驮石三个矿区。含可采煤层 1～5 层,可采总厚 3.00～16.80m。

(12)内蒙古山西组的分布范围与太原组相当,可采煤层主要发育于准格尔、桌子山、乌达、贺兰山等煤田。含可采和局部可采煤层 1～5 层,层厚 0.30～4.50m。

(13)甘肃山西组主要分布于山丹煤田的花草滩、东水泉、景泰煤田的新西井、张掖的药草洼等地,山丹煤田含可采煤层 2 层,层厚 1.70～7.30m。

(二)北方晚二叠世煤

(1)安徽上石盒子组分布于淮南、淮北两大煤田,含煤 1～19 层,层厚 2.00～13.00m。主采煤层为 131。

(2)新疆下乌尔禾组在准噶尔盆地西北部和东部均含煤,托里地区含煤 10 余层,可采 4～6 层,单层最厚 0.90m;扎河坝一带局部含煤达 45 层,单层厚一般小于 1.00m,少数达 2.00～3.00m。在塘湖一带有小窑开采。

(三)青海和西藏晚二叠世煤

(1)青海唐古拉山含煤区西部的那益雄组,在乌丽煤田的开心岭、乌丽、格荪、扎苏、宗扎和茶目错等矿点，含可采和局部可采煤层 2～7 层，单层厚 1.00～6.00m，最大厚度 9.80m。

（2）西藏晚二叠世妥坝组分布于昌都地区的芒康、察雅、妥坝、类乌齐一带，延伸至青海乌丽向西又进入西藏那曲地区双湖以西。含可采煤层 14 层，单层厚 1.00m，最厚达 2.00m，煤层极不稳定，结构复杂。

（3）热觉茶卡组分布于西藏藏北高原（羌塘地区），在双湖—热觉茶卡一带含煤 9 层，较厚的有 3 层，单层厚 0.50m。

（四）南方早二叠世煤

（1）福建童子岩组分上、中、下三段。下段含 31～45 号煤层，可采和局部可采 3～9 层，可采总厚 3.70～5.60m。中段不含煤，上段含 1～30 号煤层，可采和局部可采 3～7 层，可采总厚 3.00～6.40m。

（2）广东茅口晚期童子岩组分布于兴梅、广花—高要、台开恩三煤田和阳春矿区。下段为主要含煤段，含煤 11～19 层，可采煤层最多达 5 层，单层厚 1.00m 左右。

（3）江西早二叠世早期王家铺组，在修水—武宁—瑞昌至彭泽一带含一层不稳定煤层，煤层厚 0～10.00m，呈透镜状。早二叠世晚期上饶组分布于遂川、抚州和德兴等地，在上饶附近有 1～7 层局部可采煤层，最大可采总厚 3.90m。

（4）湖北栖霞组（或瓦屋湾组）下部含煤地层，在鄂西称马鞍段，鄂东南称麻土坡段。主要分布于鄂西的松滋、枝城、鹤峰、宣恩、长阳、宜昌、远安、巴东、建始、保康，鄂东南的赤壁、咸宁、崇阳、通山等地。2 号和 3 号煤层为主要煤层，单层厚 0.40m 和 0～1.30m，其他煤层不发育。

（5）江苏早二叠世堰桥组分布于苏州、常州、锡澄虞（南通、靖江、常熟、无锡）、宜溧（宜兴、溧阳）、宁镇（南京、镇江）五个含煤区，含可采和局部可采煤层 1～3 层，层厚 1.00m 左右。

（6）安徽梁山组（牌楼组），在东至和贵池、泾县一带含有局部可采煤层。云南梁山组主要分布于昆明的富民、呈贡、晋宁、东川、沾益、寻甸、大关、绿春等地，含一层局部可采煤层，为瘦煤和无烟煤，个别矿点有贫煤，仅沾益大明槽为 1/3 焦煤；贵州梁山组在凯里、麻江、福泉、丹寨等地含可采和局部可采薄煤层 1～6 层；湖南梁山组主要分布于湘西北的桑石、黔漵两煤田，含煤 1～3 层，10 煤层为主要可采煤层，层厚 0～14.40m，平均 0.80m；四川梁山组出露于龙门山、大巴山、华登山及川东南、攀西等地，含煤性较好的有龙门山和川东南区。含局部可采煤层 1 层。层厚 0～3.00m；陕西南部的早二叠世梁山组分布于南郑梁山及紫阳黄草梁等地，含不稳定薄煤层一层，厚 0.30～1.00m。

（五）南方晚二叠世煤

（1）广东合山组分布于连阳煤田，属吴家坪期的下煤组，为中灰-中高灰煤，局部可采有 10、11 两煤层，可采总厚 1.00～3.70m。

（2）广西合山组在桂西和桂南的广大地区均有分布，主要产地有合山煤田、宜山、忻城、上林、扶绥及柳城、隆林、田林、乐业、东兰等矿点。含煤0~9层，可采0~4层，可采总厚0.50~3.00m，一般为0.50~1.50m。多数为瘦煤、贫瘦煤和贫煤，少部分为无烟煤。

（3）广东龙潭组发育于茅口晚期至吴家坪期，吴家坪期含煤，分布于曲仁煤田至连平地区，可采和局部可采煤层5~11层，总厚12.80m。

（4）湖南龙潭煤系分布广泛，在湘西北称吴家坪组，湘中南称龙潭组。吴家坪组辰溪段含煤1~2层，主要煤层为8号，煤层厚0.40~0.70m。

（5）宣威组分布于毕节—水城以西地区，仅含数层煤线。向西南至云南富源有1~3层可采煤层。

（6）龙潭组和长兴组分布于合山组和宣威组之间的广大地区，包括盘江、水城、六枝、织纳、遵义、桐梓等重要矿区，含煤最多达78层，煤层总厚最大58.00m，可采煤层数：黔北4层，水城、织金9层，盘州15层，可采总厚4.00~20.00m。

（7）吴家坪组+长兴组（大隆组）在川北和川东含局部可采煤层1层，厚1.00m以下；南桐—威远地区称龙潭组+长兴组，含可采煤层1~9层，可采总厚2.00~5.00m；在川南盐源和筠连、珙县一带称宣威组，含可采煤层1~6层，可采总厚0.70~6.00m。

（8）晚二叠世翠屏山组主要分布于闽西南、粤东北等地，假整合于童子岩组之上。在赣东北称雾霖山组，在浙西称恩坛组，在粤中称沙湖组。本组一般只含煤线或薄煤层，西部地区偶见局部可采薄煤层。例如，浙江桐庐县毕浦至南乡煤矿，含薄煤层16层，1层可采，厚0.70m。

三、晚三叠世煤

晚三叠世煤分布在我国浙江、福建、江西、广东、广西、贵州、四川、湖北以及陕南、豫西南和皖南等地，其中四川、云南、湖南、江西等省份的煤层发育较好，为重要的焦化用煤产地。新疆、甘肃、青海、西藏、陕北的晚三叠世煤也是具有一定的工业价值。其在内蒙古桌子山及豫北义马等地也有分布。煤的灰分、硫分各地相差很大，一般以中灰—高灰、低—低中硫为主。在云、贵、川、鄂、豫、青、藏等地煤的硫分两极分化严重，高低相差数十倍，而甘、青、藏、陕、川西、滇西等地有相当数量的低灰、低硫煤。晚三叠世煤的煤类复杂，长焰煤至无烟煤皆有，而以中等质程度的烟煤居多。

（一）南方晚三叠世煤

（1）浙江乌灶组主要分布于衢州乌溪江和义乌乌灶。含煤一层，厚0.30~0.50m，下呈矿为1.00~2.00m，偶呈煤包。

（2）福建西北地区的焦坑组和西南地区的大坑组+文宾山组，主要分布于邵武、南平、建瓯和漳平。焦坑组以邵武煤矿为代表，含可采煤层1~4层，大坑组仅在漳平境内小范围分布，以漳平煤矿大坑井为代表，含可采煤层4层。

(3) 广东粤西地区小云雾山群为陆相含煤沉积, 分布于云浮小云雾山矿区、开平金鸡矿区及四会石狗、三桂等山间盆地。小云雾山煤矿含 7 层可采煤层, 单层厚 0.70～1.00m。

(4) 粤中、粤北和粤东地区艮口群为海陆交互相含煤沉积, 煤层主要发育于红卫坑组, 含可采煤层 2～8 层, 可采总厚 5.00m。

(5) 江西晚三叠世安源群紫家冲组+三家冲组+三丘田组分布于赣中萍乡至乐平广大地区, 含煤 12～40 层, 一般为 20 余层, 可采总厚 1.00～22.00m。

(6) 湖南晚三叠世含煤地层, 在湘东北称紫家冲组+三家冲组+三丘田组, 在湘东南称出炭垅组+杨梅垅组, 主要分布于资兴三都、宜章杨梅山、浏阳澄潭江等地。紫家冲组 (出炭垅组) 含煤 1～20 层, 可采 1～7 层, 层厚 0.40～1.20m, 煤层总厚 0～10.40m。三丘田组含煤 6 层, 主采煤层厚 1.80m。

(7) 广西扶隆坳组主要分布于桂南十万大山盆地和钦州、灵山、博白一带, 含一层可采煤层, 厚 0.50～1.00m, 为高灰、低中硫的烟煤及无烟煤。

(8) 云南晚三叠世含煤地层分布很广, 含煤性较好的有华坪、一平浪、峨山塔甸、祥云等地。其在祥云称花果山组+白土田组, 含可采煤层 1～5 层, 单层厚 1.00m 左右; 其在一平浪称普家村组+干海子组+舍资组, 含可采煤层 3～10 层, 单层厚 0.80～5.50m。

(9) 四川、重庆晚三叠世含煤地层在四川盆地区称小塘子组+须家河组, 在盐源称东瓜岭组, 在渡口称大荞地组+宝鼎组, 在会理称白果湾组。一般含可采煤层 1～9 层, 单层厚 1.00～2.00m, 大渡口区可采煤层多达 27～38 层, 可采总厚达 44.00m。天全昂州河须家河组, 含煤 4 层, 其中 B 煤层可采, 厚 2.00～37.00m, 一般为 16.00m。

(10) 陕南的晚三叠世须家河组分布于川中盆地北缘的镇巴一带, 含极复杂结构煤层 7 组, 第二组厚 0～7.50m, 在水磨沟井田为主采煤层。

(二) 北方晚三叠世煤

(1) 新疆晚三叠世含煤地层, 见于北天山—准噶尔和乌恰煤田。其在焉耆盆地称塔里奇克组, 含可采煤层 1～4 层, 可采总厚度大于 3.00m, 煤类为肥煤, 在塔北煤田称塔里奇克组 (T_3—J_1), 含可采煤层 1～13 层, 可采总厚 1.00～34.00m。库车为沉积中心, 含可采煤层 13 层, 总厚 34.00m, 阿克苏含煤 1～2 层, 总厚 1.80～6.60m, 轮台含煤 1～2层, 总厚 1.00m。一般为气煤, 局部有肥煤、焦煤和瘦煤。乌恰煤田的晚三叠世含煤地层称莎里塔什组, 含可采煤层 2 层, 可采总厚 5.00m。

(2) 甘肃南营儿群呈东西向分布于天祝—景泰一带。煤层多而不稳定, 含局部可采煤层 4 层, 单层厚 0.10～0.70m, 个别达 1.80m。

(3) 青海祁连山含煤区的尕日得组分布于门源煤田和木里煤田, 煤层层数多而薄, 多洛矿区含煤 4～层, 层厚 0.50～1.20m, 煤类为肥煤, 是优质配焦煤。

(4) 青海昆仑山含煤区八宝山组含薄煤层, 煤的灰分一般大于 40.00%。都兰诺木洪八宝山煤矿含煤性较好, 含煤 4 层, 层厚 0.50～0.80m, B 煤层最厚达 8.70m。

(5) 陕西晚三叠世瓦窑堡组分布于渭河以北的子洲、子长、安塞、延安、富县等地,煤层与油页岩共生，含煤 6 层，1、3、5 煤层可采，可采总厚 3.00m。

四、侏罗纪煤

早-中侏罗世含煤地层主要分布于北方各省（自治区），其中以陕西、内蒙古、新疆、山西、宁夏等地最为重要，在南方的广西、江西、皖南、川北、陕南和藏南也有零星分布。早-中侏罗世煤均以低灰、低硫和可选性好而著称。西北地区早-中侏罗世煤以黏结性弱、二氧化碳转化率高为特点。南方各地早-中侏罗世煤的煤质明显比北方差，灰分和硫分的两极值变化很大，以中—中高灰、低中—特高硫煤占多数。早-中侏罗世煤多数为低变质烟煤，个别矿区也有贫煤和无烟煤，煤类分布有一定规律。

（一）北方早-中侏罗世煤

（1）黑龙江早-中侏罗世颜家沟组，分布于大兴安岭东坡的龙江颜家沟、太平川等地，局部含薄煤层 2～3 层。绣峰组、二十二站组、额木尔河组为连续沉积，属中侏罗世。均为薄煤层。

（2）吉林通化矿区早侏罗世小营子组，有四层可采和局部可采煤层，可采总厚 0.90～4.90m。吉林柳河杉松岗煤矿早侏罗世杉松岗组含煤 1～9 层，可采总厚 1.00～30.00m，煤层极不稳定。大兴安岭东坡的吉林白城地区万红煤田，早侏罗世红旗组和中侏罗世万宝组含可采煤层 14～19 层，可采总厚 13.00m。以贫煤为主。

（3）内蒙古兴安岭地区早-中侏罗世主要含煤地层为红旗组、万宝组和新民组。早侏罗世红旗组分布于扎鲁特旗—巴林左旗，含可采煤层 2～15 层，可采总厚 4～20m。中侏罗世万宝组位于红旗组之上，可采煤层 2～7 层，可采总厚 2.90～13.70m。

（4）辽宁早侏罗世含煤地层称北票组，含煤 12 层，煤层总厚 3.50～12.80m。

（5）内蒙古早侏罗世五当沟组和中侏罗世召沟组分布于大青山煤田、营盘湾矿区、昂根矿区、察哈尔右翼中旗和商都。含可采煤层 8～17 层，可采总厚 40.00m。早-中侏罗世阿拉坦合力群分布于东乌珠穆沁旗、西乌珠穆沁旗、锡林浩特、阿巴嘎旗、四子王旗和石匠山矿。含可采和局部可采煤层 6～25 层，可采总厚 11.00m。中侏罗世青土井群分布于额济纳旗、锡林浩特、红柳疙瘩、野马泉、沙婆泉、北山希热哈达矿、石板井、芨芨台子、五道明等地。含可采煤层 7～8 层，可采总厚 6.00～8.80m。

（6）冀北早-中侏罗世下花园组主要分布于蔚县、涿鹿、下花园、尚义等地，含可采和局部可采煤层 1～10 层，可采总厚 1.00～13.00m。

（7）河南中侏罗世义马组分布在义马市境内。含煤 3～5 层，煤层总厚 15.00m。

（8）山西中侏罗世大同组分布于大同煤田、宁武煤田和广灵地区。大同煤田含可采煤层 14～21 层，可采总厚 25.00m 以上，主要为弱黏煤，有少量不黏煤、零星的 1/2 中黏煤和气煤，宁武煤田含局部可采煤层 5 层，为气煤。大同煤是著名的低灰、低硫、特高热值的动力用煤。

（9）陕北早侏罗世富县组，主要分布于鄂尔多斯盆地东部的富县、神木、府谷等地，含油页岩夹薄煤层。

(10)陕西和内蒙古侏罗纪延安组，分布于鄂尔多斯盆地的东胜、神木、榆林、横山、子长、延安、富县、黄陵、旬邑、彬州、麟游、陇县等地，称黄陇煤田和陕北-东胜煤田。在黄陇煤田含可采煤层 1～3 层，单层厚 30 多米，一般厚 2.00～10.00m；在陕北-东胜煤田，含可采煤层 8～12 层，可采总厚可达 12.00～25.00m。

(11)宁夏延安组主要分布于汝箕沟、碎石井、鸳鸯湖、马家滩、萌城、石沟驿、下流水、窑山、炭山、王洼等矿区，煤层发育，煤质好。含可采煤层 6～27 层，可采总厚 12.00～40.50m。以年轻煤为主，有长焰煤、不黏煤和气煤，王洼矿区有少量褐煤。

(12)新疆早侏罗世含煤地层在伊宁盆地、准噶尔盆地和吐哈盆地称八道湾组+三工河组，含可采煤层 1～24 层，可采总厚 2.00～66.00m；在塔里木盆地北缘称塔里奇克组，该组上部含可采煤层 1～7 层，可采总厚 2.00～8.00m。

(13)新疆中侏罗世含煤地层在伊宁盆地、准噶尔盆地、吐哈盆地称西山窑组，含可采煤层 2～35 层，可采总厚 6.00～135.00m；在塔里木盆地北缘称克孜勒努尔组，含可采煤层 3～13 层，可采总厚 11.00～17.00m；在塔里木盆地南缘称康苏组，含可采煤层 2～4 层，可采总厚 2.00～27.00m。

(二)南方早-中侏罗世煤

(1)广西早侏罗世大岭组主要分布于西湾煤产地及富川、恭城、全州等地。含煤 1～14 层，可采或局部可采 1～10 层，可采总厚 0.50～4.00m。多为气煤、肥煤。

(2)江西早侏罗世早期造上组零星分布于赣中和赣南等地，仅在吉安的淡江—安塘、吉水螺田和于都黎村含有局部可采薄煤层。

(3)湖南早侏罗世唐垅组+心田门组分布于湘东、湘中南、湘西各地，含煤性差，仅局部地区具有一定的经济价值。该含煤地层曾有过不同的名称：唐垅组在湘东又称造上组，在祁东、零陵一带称下观音滩组，在湘西称花桥组；心田门组连续沉积于唐垅组之上，在湘中称塔坝口组，在湘东称石康组，在湘西南称上观音滩组。

在湘南资兴三都、宜章杨梅山，唐垅组与晚三叠世杨梅垅组连续沉积，含高灰分薄煤层。杨梅山矿区含碳质泥岩或煤层 1～3 层，层厚 0～0.70m，为焦煤。

湖南早侏罗世煤湘西南地区以往称石门口煤系，零陵易家桥矿区含可采煤层 1～4 层，厚度变化大。

祁东七宝山煤矿含煤两组，下煤组不可采，上煤组含可采煤 4 层，单层厚 0.50～1.50m。

五、早白垩世煤

早白垩世煤主要分布于黑龙江、吉林、内蒙古、辽宁、河北、山西、甘肃和西藏等省(自治区)，以东北三省和内蒙古为最重要。煤质以中灰、低硫煤为主。扎赉诺尔煤的煤质最好，属低中灰煤，大雁、铁法、营城等矿区属中高灰和高灰煤。从总体上看，褐煤的灰分低于烟煤。褐煤的可选性为易选和中等可选，但泥化较严重；烟煤以中等可选为多,易选和极难选均有。煤类以褐煤和长焰煤为主,气煤和焦煤集中赋存于三江平原,西藏的个别矿点有贫煤和无烟煤。

(一)天山—兴安岭区早白垩世煤

(1)黑龙江早白垩世含煤地层在鸡西、双鸭山、鹤岗、勃利(七台河)、东宁老黑山等地称鸡西群,包括城子河组和穆棱组(鹤岗盆地称石头庙组),可采和局部可采煤层 3～17 层,可采总厚 16.00～66.00m。

(2)吉林营城矿区沙河子组含 5 层可采煤层,可采总厚 6.50m,基本为长焰煤,局部有气煤。

(3)吉林蛟河矿区奶子山组+中岗组含 15 层煤,可采总厚 54.50m,基本为长焰煤,有少量气煤。

(4)吉林通化矿区石人组有 3 层可采和局部可采煤层,可采总厚 5.00～12.00m,煤类为气煤。浑江北岸矿区含 3 层局部可采煤层,煤质差,属气煤。

(5)吉林辽源矿区辽源组+金州岗组。辽源组含煤 1～2 层,总厚 5.00～10.00m,最大40.00m。金州岗组含局部可采煤层 1～3 层,可采总厚 5.80m,为气煤和少量弱黏煤。

(6)吉林延边煤矿长财组含 1～7 层可采煤层,可采总厚 0.70～15.10m,均为长焰煤。吉林和龙煤矿西山坪组+长财组,含可采煤层 11 层,可采总厚 12.00m。

(7)内蒙古早白垩世含煤地层在二连盆地称巴彦花群腾格尔组+赛汉塔拉组,下组含煤 48 层,总厚 99.00m,上组含煤 9～13 层,总厚 190.00m,最厚达 114.80m。在霍林河盆地称霍林河组,在海拉尔盆地称扎赉诺尔群,由下往上分为南屯组、大磨拐组、伊敏组,含可采煤层 1～18 层,可采总厚 1～50m。煤类为褐煤和少量长焰煤,唯伊敏矿区的五牧场有气煤、肥煤、焦煤、瘦煤和贫煤。分布于大兴安岭东坡通辽双辽和金宝屯等地的早白垩世煤层属长焰煤。

(8)甘肃早白垩世含煤地层分布于北山、驼马滩、公婆泉和红柳沟等地。肃北的吐路—驼马滩称老树窝群下组,煤层多但不稳定,可采总厚 5.00～26.00m。

(二)阴山—燕山区早白垩世煤

(1)辽宁早白垩世沙海组+阜新组分布于阜新—锦州聚煤带、辽河平原、松辽盆地东部的铁岭、昌图和南部盆地群。阜新煤田含 12 个煤组,最大可采厚度 160.00m,一般为60.00m。

(2)内蒙古平庄、元宝山早白垩世含煤地层称金刚山组+杏园组+元宝山组。元宝山组为主要含煤地层,含可采煤层 4 层,单层厚 1.50～25.00m,为老年褐煤。

(3)内蒙古固阳组主要分布于固阳盆地,代表矿区有窝尔沁壕和甲坝,含可采煤层4～7 层,单层厚一般为 0.20～3.00m,最厚层可达 18.00m,各煤层总平均厚 6.03m。

(4)协尔苏组位于晚侏罗世义县组之上,分布于内蒙古科尔沁左翼后旗金城矿区金宝屯等地,含一复煤层,上分层可采,厚 0.35～5.78m,平均 3.10m。

（5）河北早白垩世青石砬组分布于张家口和承德地区，含局部可采煤层 10～24 层，可采总厚 6.00～65.70m，单层最大厚度 57.00m。

（三）西藏区早白垩世煤

西藏早白垩世含煤地层主要分布于西藏中部含煤带。其在含煤带的东部怒江西南侧、边坝、洛隆、八宿等地称多尼煤系（多尼组）。含煤带的西部改则、革吉一带称川巴煤系（川巴组），呈零星分布，主要煤类为弱黏煤和长焰煤，煤层不发育，一般为 1～3 层，局部可采，单层厚 0.20～2.80m。

六、古近纪、新近纪煤

古近纪和新近纪也是我国重要成煤期之一。古近纪、新近纪含煤地层主要分布在东北三省、云南、广东、广西、海南和台湾等地，煤的工业价值较大。河北、山东、山西、河南、内蒙古、青海、西藏、四川、贵州、浙江、福建等省（自治区）也有零星小煤盆地。古近纪在北方包括古新世、始新世和渐新世三个成煤期，以始新世最为重要。在南方只有始新世和渐新世两大成煤期，以茂名最好。新近纪在北方只在中新世成煤，以黑龙江煤层较发育，分布范围较大。在南方，中新世和上新世都形成了含煤性很好的煤盆地，以滇东煤层最发育。古近纪和新近纪煤以水分高、热值低、灰分和硫分变化大为特征。吉林、辽宁和云南等主要矿区的部分煤层灰分可低于 10%，东北和西南地区多属特低硫煤。新近纪煤基本属老年褐煤（HM2），部分矿区有长焰煤和中等变质程度的烟煤。新近纪基本属年轻褐煤，仅局部见有长焰煤等低变质烟煤。促使古近纪和新近纪褐煤迅速变质的因素几乎皆与新生代岩浆和高温气液活动有关。

第三节 煤 的 变 质

一、煤的变质类型

我国煤的变质作用根据煤受热的主要热源及其作用方式和所形成的变成特征，可归纳为四种基本类型，即深成变质作用、岩浆热变质作用（包括区域岩浆热变质作用和接触变质作用）、热水变质作用和动力变质作用。

（一）深成变质作用

深成变质作用是由于地热和上覆岩系的静压力长期作用而引起的煤的变质作用，是指在正常地温状态下，煤的变质程度随煤层沉降幅度的加大、地温增高和受热时间的持续而增高，是我国煤的基本变质作用类型，在有的煤田几乎是唯一的变质作用类型。深成变质作用主要表现在以下几方面。

1）沿地层垂直方向的煤级变化

地温由地表浅部的恒温带向深部逐级升高，使煤的变质程度沿地层垂直方向由上往下增高，这是深成变质的基本规律。我国各大煤田每延伸 100m，地温增加值可由 1℃变化至 5℃，从而使煤的挥发分梯度值由 0.50%变化到 5.00%或更大，煤的变质程度也有相应的变化。

2）上覆地层厚度与煤级的变化

聚煤拗陷沉降幅度的大小，即煤系上覆地层的厚度直接影响着煤的变质程度。拗陷沉降深，覆盖层厚度大，煤处于较高的地温和地压环境下，其变质程度就相对要高。

3）现代埋藏深度与煤级的关系

聚煤盆地受后期构造变形的影响，使同一煤层或煤组的各部分处于不同深度，其埋藏较深部分煤的变质程度相对较高。

在煤的埋藏过程中，压力可以促进物理结构煤化作用，而温度则加速化学煤化作用。化学反应动力学计算表明，只要处在足够的温度条件下（≥50℃），盆地褶皱回返前后，深成变质作用仍能持续进行。深成变质作用造成的煤级与埋深的关系，实际上主要取决于煤的受热条件变化，因而区域地热状态和含煤盆地演化历史与煤的深成变质作用发展有着不可分割的联系。

一般情况下，地球内部热能以传导方式向地壳表层传输，在排除岩浆侵入、岩性变化及地下径流等热扰动因素外，不同地理区的正常地热状态主要与地壳结构和地质构造有关。古生代，中国聚煤作用主要发生在地台稳定构造背景下的巨型波状拗陷中，地温状态差别不大。中生代和新生代，与地壳演化、构造变动相对应的地热分布，明显呈现东、西分异状态：东部随壳层拉张减薄，地幔隆升，地热明显增高；西部因壳层挤压增厚、大型拗陷沉积补偿，盆地热流随时间呈衰减趋势。在具有继承性发育的大型叠合煤盆地中，基底塑性好，中心方向上壳层厚度减薄，莫霍面隆起，不仅制约着盆地沉降、沉积充填，而且导致盆地范围内地温场呈非均一性。

深成变质煤的演化程度总是与一定的构造沉降、地热作用及有效受热时间的配置相对应。晚古生代煤大多不超过中变质烟煤阶段，中生代煤一般处在低变质烟煤阶段，而新生代煤则基本未达到变质阶段。新生代，特别是自第四纪以来，绝大多数含煤盆地各煤系因构造抬升而临近地表，煤变质作用近乎停滞。显然，深成变质作用只是奠定了我国以低变质程度煤为主的基本煤级分布格局。

（二）岩浆热变质作用

侵入含煤地层的基底或含煤地层中的高温岩浆和相伴随的挥发性气体、热液以及岩浆中所含放射性元素的蜕变热，形成大范围或局部地热异常，从而使煤的物理、化学性质发生改变，变质程度增高，形成各种高变质的烟煤和无烟煤，并围绕岩体形成环带状分布。这种变质类型通常称为区域岩浆热变质作用。当岩浆侵入煤层顶底板或直接接触煤层时，可使煤在很短时间内温度急剧增高，岩浆、热液和气体迅速渗透到煤层及围岩裂隙中，促使煤的变质程度增高，在与岩浆接触的数厘米至数米范围内的煤受到类似高温或中低温干馏作用，可能产生天然焦或隐晶质石墨。这种变质作用称接触变质作用，它往往与区域岩浆热变质作用相伴发生。

引起煤变质作用增强的岩浆活动具有多期多次性，但其中以燕山期岩浆活动影响最为显著。燕山期构造活动强烈，遍及全国，是太平洋板块向欧亚板块俯冲的结果。正是由于中生代岩浆活动具有南方强于北方、东部强于西部的特点，才决定了中国煤的区域岩浆热变质作用南强北弱，东强西弱。以大兴安岭—太行山—武陵山一线和贺兰山—龙门山一线为界，东区煤的区域岩浆热变质作用强烈，广泛分布，以浅成和中深成亚型为主；中区煤的区域岩浆热变质作用较强烈，以深成亚型为主，但它所形成的高煤级变质带的分布却很局限。此外，昆仑山—秦岭是另一条重要分界线，其以南地区煤的区域岩浆热变质作用显著强于其以北地区。

断裂带在煤的区域岩浆热变质作用中起着重要作用，一方面它对岩浆侵入起着控制作用，另一方面断裂带是热流体的活动通道。多数情况下，岩浆侵入都需借助构造带尤其是断裂带来实现，因此在一些深大断裂带发育区往往存在煤的区域岩浆热变质作用。在地温场异常高的地区(通常是板内岩浆活动或莫霍面抬升而引起)，往往形成高温热流体，这样岩浆和热流体都对煤变质作用产生影响，如豫中地区。引起地温高异常的能量一般来源于地幔和地核的结合部位，这里的高温物质，或者以地幔柱的形式向上侵入，使岩石圈上隆减薄并可诱发局部熔融产生岩浆，或者以软流圈巨块的形式存在，使区域莫霍面抬升，在大范围内形成高变质煤带。

煤的区域岩浆热变质作用在中国广泛发育，使多处深成变质煤的变质程度显著增高，从而导致中国具有煤类多种多样，中、高变质程度煤资源丰富的特点。

1)岩浆热变质煤的煤岩特征

岩浆热变质煤往往出现一些新的显微组分和独特的显微结构，如天然焦具有镶嵌结构，球形次生气孔发育，常见有小球体。赵海舟(1994)对山东烟煤接触变质带的煤岩学进行研究所总结出的热变质煤微观特征具有普遍意义。

(1)在镜质组反射率(R_o)为 0.778%～2.755%的煤中，普遍发育碎裂结构，颗粒由小于 1.00μm 至数十微米，颗粒之间无充填物。

(2)基质镜质体和均质镜质体中发育气孔，气孔出现的最低煤阶的 R_o 为 0.84%，气孔在 R_o 为 1.20%～2.38%的煤中最发育。

(3)在同一样品中发现各向同性和各向异性两种渗出沥青体，后者穿插、切割了前者。前一种是在煤的沥青化阶段渗出并凝结的，岩浆热只是促进其芳构化，R_o增强，后一种是岩浆热长时间作用于煤层渗出的，其形成温度虽高于前者，但尚未达到使前一种渗出沥青体软化熔融的温度。据此推断，该样品所经受的岩浆热温度低于 250℃。当煤的 R_o 为 1.258%～1.616%时出现各向同性微粒体，R_o 为 1.616%～2.276%时出现各向异性微粒体。

(4)煤化程度达到一定程度时，煤中各向异性体增多并出现大量多色微粒体，煤中富氢有机质转变，形成新生显微组分。多色微粒体最早见于 R_o 为 0.795%阶段，在 R_o 为 0.850%～2.325%的煤中最为发育。

(5)在过渡到天然焦的初始阶段，即 R_o 为 1.374%，基质镜质体中出现局部镶嵌结构，随着煤级增高，局部镶嵌结构相互衔接最后完成整体镶嵌结构，形成天然焦。

2)岩浆热变质煤的煤质特征

岩浆热变质煤与深成变质煤相比，各项指标一般存在明显的差异。岩浆热变质煤的真密度较相同煤级有所增大，煤中常形成细密褶皱和叶片状结构，并产生大量外生裂隙，煤的视电阻率显著降低，导电性增强。

在弱黏煤—贫瘦煤阶段，煤的内在水分降低，从贫煤至无烟煤，内在水分又有所增高，其变化幅度比深成变质煤大。挥发分随煤化程度增高而降低的幅度比深成变质煤要大。在黏结煤阶段，煤的黏结性较深成变质煤偏低，至瘦煤阶段可完全失去黏结性。因此，不同煤变质带的平面宽度较窄。煤中氢含量和发热量较相同煤级的深成变质煤低，愈向高煤级发展其差值愈大。由于热液的交代作用，岩浆热变质煤中硫和砷的含量都可能大幅度增加。

岩浆热变质煤的裂隙和孔隙发育，大量气体和水分封闭在微孔隙中，当煤受热后往往发生爆裂，裂隙中充填的碳酸盐矿物受热分解放出 CO_2 又增强了其爆裂程度，尤以天然焦更剧烈。其爆裂的起始温度为 300～400℃，而该温度低于天然焦或高变质煤的燃点。

岩浆热变质煤因孔隙发育，比表面积大，与 CO_2 介质进行气化反应时的化学活性增强。

（三）接触变质作用

煤的接触变质作用是指岩浆直接接触或侵入煤层，由其所带来的高温、气体、液体和压力促使煤发生变质的作用。

根据岩浆侵入体的规模，可将煤的接触变质作用分为三个亚型：脉岩岩浆接触变质作用、小型浅成岩浆接触变质作用和大型深成岩浆接触变质作用。

接触变质作用使煤层、煤级、煤的显微组分、化学和工艺性质、显微结构和化学结构等均受到热变作用而发生变化。由于侵入岩浆的温度高，煤受到接触变质作用，煤级急剧增高到高煤级烟煤、无烟煤以至超无烟煤阶段，在直接接触处常形成天然焦；条件适宜时，如除高温外，在压力较大而封闭条件又较好的情况下可出现半石墨或石墨。煤的接触变质带由接触处向外一般可分为焦岩混合带、天然焦带、焦煤混合带、无烟煤、高变质烟煤等热变煤。由于侵入岩浆的温度高，可形成高、中、低温围岩蚀变带，如在泥质岩围岩高温蚀变带（550～650℃）中，可生成夕线石、红柱石、堇青石等变质矿物；在中温蚀变带（400～550℃）中，可形成铁铝石榴子石、十字石、蓝晶石等变质矿物。在碳酸盐岩高温围岩蚀变带（550～650℃）中，可形成辉石、橄榄石、硅灰石等变质矿物；在中温蚀变带（400～550℃）中，可形成阳起石、透闪石、钙铝榴石等变质矿物。

除大型深成岩浆附近产生的煤的接触变质外，典型的煤的接触变质作用，即由脉岩或小型浅成岩浆引起的煤的接触变质作用，由于岩浆侵入体规模小，热量少，散热快，影响范围很有限，如受岩墙影响的煤的变质宽度为岩墙本身厚度的 2～3 倍。

煤的接触变质作用只是中国煤变质的次要原因。

（四）热水变质作用

热水变质作用是以深循环热水为主要热源在高温、低压环境下发生的煤变质作用类型，由中国地质大学潘治贵、中国煤炭地质总局青海煤炭地质局兰庆余等于 1988 年在青海热水-外力哈达矿区首次研究发现。

产生煤的热水变质作用的地质背景：煤田内或邻近有深断裂，并在附近有较高地形作为水源补给区，能够保证热水深循环长期持续下去，煤田内还有能形成热水运移通道的断层、裂隙和透水层，通过上升的载热体热水沿着断裂和裂隙进入煤系、煤层，以水浴式的热交换方式将热能直接注入煤层。其温度比煤的深成变质作用高得多，可以和煤的区域岩浆热变质作用的温度相似或更高，而低于煤的接触变质作用的温度。温度可从几十摄氏度到 400～500℃甚至更高。热水变质煤的埋深与深成变质煤相比要浅得多。同时，热水活动的断层、裂隙多属张性的开放系统，因此流体的压力较低。由于作为热载体的热水可以快速直接将高温带入煤层，煤层升温很快，经受热水变质使原有低煤级煤提高到高煤级煤所需有效时间较深成变质作用所需时间短。

除青海热水-外力哈达矿区外，新疆艾维尔沟也存在类似的变质作用。

（五）动力变质作用

由地壳构造变动所引起的地应力转化产生的热能，促使煤的物理结构和化学性质局部发生变化，煤的变质程度提高，称为动力变质作用。这种变质作用类型在我国不多见。近年来对滑脱构造的研究进展，引发了对滑脱面上下煤质变化的注意。在河南登封部城、芦店及新密樊寨、任岗等地，山西组二$_1$煤的变质程度高于太原组一$_1$煤，这种反序现象的产生与规模较大的滑动构造有关。芦店滑动构造的主滑面位于二$_1$煤上下，地层滑动不仅使煤的原生结构遭到破坏，也使其变质程度提高。二$_1$煤的挥发分一般比一$_1$煤高 1.00% 左右，而在滑动构造影响地区，二$_1$煤的挥发分平均值比一$_1$煤低 0.65%。曲星武和王金城（1980）对湖南梅田长坪和马田高泉塘的测试研究表明，即使断距达几十米至百余米的压扭性断层，对煤变质的影响范围很有限，一般仅几米至 20.00m。

以上实例说明，动力变质作用不仅影响范围小，对煤变质所起的作用程度也很低，一般很难提高一个煤级。因此，动力变质作用对改变煤炭的经济价值方面不可能起太大作用。

上述除动力变质作用外的四种煤变质作用，引起煤升温的直接热源、热传导方向、热传导方式、温度高低、温度变化梯度、地热场规模和形态等特征是不同的，从而引起煤变质的一系列特征也各不相同。

这四种煤变质作用类型可以归为两大类。煤的深成变质作用类型一般具有普遍性，其热源主要来自地球内部高温物质的散热，形成大致平行地表的地温场，随着深度增大其地温升高，地温梯度为 2～4℃/100m，煤的变质程度呈现规模较大的垂直分带，即埋深越大，煤的变质程度越高。另外，两种煤变质作用类型的热源主要来自岩石圈浅部（一般小于 10.00km)的高热地质体或气液,形成了以热源为中心的局部异常地热场。叠加在正常的地热场之上,使煤的变质程度增高,并形成了以热源为中心、迅速向四周变化的变质分带,具体变质分带的形态取决于热源的形态、规模和性质。岩浆活动引起的煤的接触变质和区域岩浆热变质通常形成以岩体为中心的圆形或半球形变质环带。紧靠岩体的煤接触变质常形成石墨、半石墨、天然焦及超无烟煤;区域岩浆热变质煤则在浸入体一定距离之外依次形成从无烟煤(有时为超无烟煤)到高变质烟煤、中变质烟煤,煤级逐渐降低,直至接近正常深成变质煤的多煤级分带;煤的热水变质则形成围绕作为热径流通道的断裂或透水层形成变质条带或层状变质带。深成变质作用和热变质作用,前者可视为正常地热变质,后者可视为高温异常热变质。

二、煤变质带

(一)煤级与成煤时代的关系

不同时代形成的煤其变质程度往往不同,通常形成时代越早的煤变质程度越高。我国早古生代煤多为高变质无烟煤,晚古生代煤多为中、高煤级烟煤和无烟煤,中生代煤多为低、中煤级烟煤,新生代煤多为褐煤、长焰煤。

但在有的煤田中,煤级与成煤时代的基本关系往往被打乱,成煤时代较晚的煤其变质程度可能高于成煤时代较早的煤,如晚石炭世尚有长焰煤,早二叠世有长焰煤、气煤、肥煤等,也有无烟煤,古近纪有中煤级烟煤等。我国中侏罗世是存在褐煤的最老的时代,也是贫煤和无烟煤基本终止的时代,如在甘肃大有、大滩等地有褐煤,宁夏汝箕沟、甘肃九条岭、内蒙古大青山和北京京西等地有无烟煤。早白垩世的贫煤和无烟煤仅见于拉萨附近。显然,上述几处贫煤、无烟煤的形成,不能排除后期叠加岩浆热的巨大影响,但若不是在深成变质作用下形成较高煤级的基础,也不可能形成较大面积的无烟煤。这一推理似乎可以解释我国早白垩世以后的煤田,虽然也有多处受到岩浆活动的影响,但并未形成大片无烟煤的缘故。

(二)各赋煤区煤变质带

1)东北赋煤区

区内各时代煤在深成变质作用的基础上,部分地区因叠加了燕山期或喜马拉雅期岩浆热而使煤级升高并出现分带现象,尤以早白垩世煤的分带最为明显。

分布在浑江、本溪、南票的石炭纪—二叠纪煤为中高煤级烟煤和无烟煤,其中浑江为肥煤、焦煤、瘦煤,本溪一般为焦煤和瘦煤,南票以气煤和弱黏煤为主,这三个矿区皆因燕山期花岗岩、辉绿岩等侵入煤层,使煤局部变质为贫煤、无烟煤和天然焦。

万红、杉松岗、长白沿江三个呈北西向分布的早-中侏罗世煤产地为中高煤级烟煤至无烟煤,北票为气煤和肥煤,有岩浆侵入,法库三家子为焦煤。

早白垩世煤以褐煤和长焰煤为主,褐煤、长焰煤、气煤和焦煤相间出现,构成东西低、中部高的四个北东向条带(图3-2)。

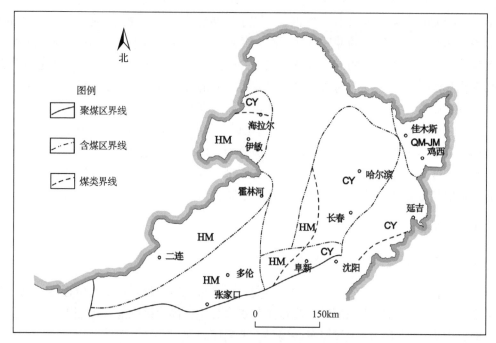

图 3-2　东北地区早白垩世煤煤类分带示意图
CY-长焰煤；HM-褐煤；JM-焦煤；QM-气煤

大兴安岭东、西麓褐煤带：包括从大兴安岭西麓向西南至阴山，包括海拉尔、霍林河、二连和固阳等盆地，该地区只在拉布达林、五九煤矿有长焰煤，伊敏五牧场有小面积气煤—贫煤。大兴安岭东麓包括西岗子、黑宝山等煤产地和平庄、元宝山煤田，向西南延伸至张家口、承德地区和山西浑源、阳高的一些煤产地，皆以褐煤为主，局部有长焰煤，受岩浆侵入影响严重的有焦煤甚至无烟煤。

松辽平原长焰煤带：包括伊春、绥棱、木兰、延寿、尚志、营城、蛟河、双阳、刘房子、双辽、金宝屯、铁法、康平、八道壕、阜新等煤田和煤产地，基本为长焰煤，仅有少量气煤和褐煤。

三江平原低中变质煤带：该带的北部是东北地区重要的焦化用煤产地。鹤岗、鸡西、双鸭山、七台河等矿区以气煤和焦煤为主。向南可延伸到辽源，以气煤为主，有长焰煤。

东宁—延吉长焰煤带：东宁、老黑山为褐煤、长焰煤，延边与和龙为长焰煤。

古近纪煤呈北东向条带分布，五常—舒兰—梅河口—沈北为褐煤，虎林—珲春为褐煤，依兰、抚顺为长焰煤，抚顺有部分气煤。另外，黑龙江边的逊克—嘉荫地区可能为褐煤。本赋煤区含煤地层厚度变化很大。早白垩世含煤地层在海拉尔盆地群的总厚达1270.00～3120.00m，在霍林河—二连盆地群二连含煤区内巴彦花群厚 1000.00～3000.00m，霍林河盆地群的霍林河组厚1700.00m，局部沉积的阿拉坦合力组为300.00～1025.00m，平庄、元宝山含煤地层厚290.00～620.00m，上白垩统厚1085.00m。

海拉尔、二连盆地群含煤地层一般较薄，又无上覆地层覆盖，除伊敏五牧场外，均未受岩浆活动的影响，故煤级低，一般只达老年褐煤阶段。而三江—穆棱含煤区以鸡西、鹤岗、七台河等矿区为代表，早白垩世含煤地层厚 1500.00～2200.00m，煤系及其上覆地层的总厚度可达 3000.00～4000.00m，深成变质作用已可达气煤阶段，因受规模较大的燕山期岩浆侵入影响，煤级在深成变质的基础上普遍升高，达气煤、肥煤、焦煤、瘦煤，而接触带则变质为无烟煤或天然焦。

2) 西北赋煤区

西北赋煤区地跨天山—兴蒙褶皱系西段、塔里木地台和秦—祁—昆褶皱系中段三个大地构造单元，石炭纪—二叠纪煤分布在准噶尔盆地的西北部和祁连山南、北部，呈北西向或东西向条带，以中煤级烟煤为主，亦有贫煤和无烟煤。

晚三叠世煤在新疆北天山、准噶尔和乌恰等地以气煤为主，局部有肥煤、焦煤和瘦煤，乌恰煤田有岩浆侵入煤层，接触带有天然焦。青海木里、门源和甘肃天祝、景泰等煤产地呈北西向分布，有长焰煤、气煤、肥煤、瘦煤和贫煤。青海昆仑山无烟煤带主要有都兰八宝山等煤产地，呈北西向分布。

早-中侏罗世煤可分为以下四个变质区(带)。

新疆低变质煤区：准北、准南、伊犁、吐哈、准东等主要煤田均以长焰煤、不黏煤和气煤为主，局部有肥煤、焦煤和瘦煤；塔北煤田以气煤为主，局部有弱黏煤、肥煤和焦煤；乌恰煤田为肥煤和焦煤；西昆仑煤矿点为长焰煤和不黏煤，局部有贫煤和无烟煤。此外，在准噶尔盆地西缘的和什托洛盖和克拉玛依尚存少量褐煤。

柴北低变质煤带：包括青海的鱼卡、大煤沟、柏树山、大通，甘肃的窑街、阿干镇至靖远等近东西向排列的小型煤盆地，以长焰煤、不黏煤为主，其次为弱黏煤和气煤，局部有贫煤和无烟煤，大有、大滩等地为褐煤。

祁连山中、高变质煤带：包括旱峡、红沟、江仓、木里、热水和九条岭等煤产地。红沟和西后沟为焦煤，九条岭为无烟煤，旱峡为贫瘦煤，热水为瘦煤、贫煤，江仓、木里为中、低变质烟煤。

昆仑山—积石山变质带：此带近东西向延展至新疆，昆中断裂两侧为长焰煤—气煤，塔妥为 1/2 中黏煤。昆南断裂带北侧的纳赤台为无烟煤，南侧的大武煤田为中、高变质煤，石峡和野马滩为焦煤、贫煤和少量无烟煤(图 3-3)。

早白垩世煤仅见于甘肃的吐鲁—驼马滩和成县化垭两处，前者为褐煤，后者为长焰煤。

西北赋煤区总体上是以深成变质作用为主的低变质煤分布区，含煤地层和上覆地层厚度都比较大。下石炭统在准噶尔盆地厚 1000.00～3000.00m，加上覆的上石炭统和下二叠统总厚度达 3000.00～4000.00m；塔里木盆地晚石炭世煤埋深 4850.00～11500.00m，煤的变质程度达中、高煤级烟煤。中生代沉积厚度在塔里木盆地的喀什、叶城、和田为 1500.00～5500.00m，在柴达木盆地为 1000.00～3100.00m，在吐鲁番—哈密盆地，中-上侏罗统加上覆白垩系和古近系的总厚度达 3200.00～4600.00m，玛纳斯—昌吉一带早-中侏罗世煤的埋深达 6400.00～7600.00m。早-中侏罗世煤多为低煤级烟煤，部分为中煤级烟煤，局部可达高煤级烟煤。克拉玛依一带煤层埋深不足 1000m，大滩、大有等地煤系加上覆上侏罗统及白垩系的总厚不足 1500m，故仍为褐煤。

该区岩浆活动规模小，只在局部对煤变质有一定影响，如乌恰、吉木乃等地，煤与岩体接触变质为贫煤、无烟煤及天然焦。青海热水矿区和新疆艾维尔沟则是深层隐伏岩体的岩浆热通过深循环热水对流的方式提高了部分煤层煤的变质程度。

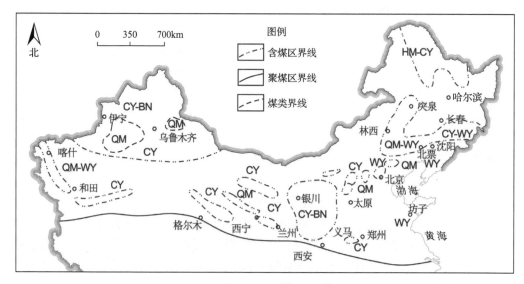

图 3-3　北方侏罗纪煤煤类分布示意图

CY-长焰煤；BN-不黏煤；HM-褐煤；WY-无烟煤；QM-气煤

阜康、乌鲁木齐一带，沿早侏罗世煤层露头发生自燃，其燃烧垂深可达 100.00～400.00m，沿自燃带形成类似贫煤和无烟煤的高温烘烤变质煤。

3）华北赋煤区

区内石炭纪—二叠纪煤以中高煤级烟煤和无烟煤为主，尚有部分低变质烟煤(图 3-4)；早-中侏罗世煤以低变质烟煤为主，局部也有高煤级烟煤和无烟煤；晚三叠世煤多为低变质烟煤；古近纪煤为褐煤。

华北地台西缘和北缘断裂构造发育，岩浆活动强烈，沿贺兰山、桌子山、狼山、大青山分布的石炭纪—二叠纪和侏罗纪煤变质程度较高，汝箕沟、碱沟山为无烟煤，石炭井、石嘴山、乌海、包头以中煤级烟煤为主，局部有贫煤和无烟煤。在正常情况下，该地区总厚 3000m 的石炭系—二叠系加上覆三叠系，煤的深成变质最高可达焦煤阶段，1400.00～1600.00m 的侏罗系煤深成变质只能达长焰煤。岩浆热产生巨大作用，使一些矿区的煤级升高，尤其以汝箕沟和包头以东一些小煤盆地最为突出。

鄂尔多斯盆地石炭纪—二叠纪煤层的最大埋深由盆缘的 1500.00m 至盆地中部达 3500.00m 以上，古地温为 90.00～150.00℃。随着埋深的增加，煤的变质程度也相应增高，由长焰煤至瘦煤，如准格尔—府谷—吴堡等地。盆地内的瓦窑堡组煤和延安组煤虽同属低变质烟煤，但其变质规律与下伏的石炭纪—二叠纪煤相似，自上而下挥发分降低 2.00%～3.00%，属典型的深成变质作用类型，如榆神矿区上部为长焰煤，下部为不黏煤。

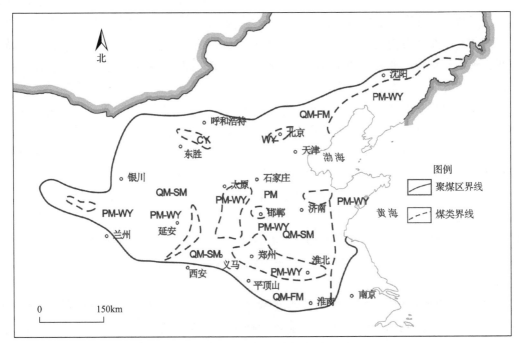

图 3-4 华北盆地石炭纪—二叠纪煤类分布示意图

CY-长焰煤；FM-褐煤；PM-贫煤；QM-气煤；SM-瘦煤；WY-无烟煤

沁水盆地石炭纪—二叠纪含煤地层加上覆三叠系总厚为2318.00（阳泉）～4272.00m（侯马），煤层由北向南逐渐加厚，在深成变质作用下可达气煤、肥煤—贫煤。燕山期强烈的岩浆活动在北纬35°～36°和37°～38°形成两条东西向的巨大隐伏岩体，使地热场的温度大幅度提高。当时阳泉的地温梯度达 9.30～9.89℃/100m，晋城的地温梯度达 7.30～8.30℃/100m（杨起等，1989），在盆地的北缘和南缘分别形成两条贫煤—无烟煤带，盆地其他部分的煤级也相应增高，推测在盆地深部均应为贫煤和无烟煤。沁水盆地煤的变质程度既随现代埋藏深度增加而增高，又具有东西带状分布的特点。

太行山东麓煤田石炭系—二叠系加上覆三叠系的总厚在 2000m 左右，煤在深成变质作用下可达气煤至肥煤。燕山期岩浆活动在邯郸西部以深成和浅成形式大规模侵入含煤地层及三叠系，使煤田中段的煤层普遍变质为无烟煤，向北则依次降低为贫煤—气煤，向南至梧桐庄渐变为肥煤，再向南经安阳、鹤壁至焦作又从瘦煤、贫煤渐变为无烟煤。煤变质带呈东西向分布，与地层走向垂直。安阳、鹤壁也有燕山期岩浆的侵入，但其规模较小。焦作处于北纬 35°的巨型隐伏岩体之上，但在其含煤地层中未见有岩浆岩。

山东以断块构造为特征，主要煤田均保存于鲁北、鲁西南及鲁中的各断陷盆地中。石炭纪—二叠纪煤受深成变质作用，一般达气煤和肥煤阶段，故气煤和肥煤是山东的主要煤类。燕山期岩浆活动使大多数煤田受到不同程度的影响，鲁北各煤田岩浆侵入剧烈，岩体较大，黄河北潘店一带还有巨大隐伏岩体，岩浆热作用较强，煤的变质程度高于鲁中和鲁南，如黄河北、章丘、淄博的石炭纪—二叠纪煤和坊子的侏罗纪煤多为中高煤级烟煤至无烟煤。鲁西南岩浆活动较弱，多为接触变质，沿岩体仅形成很窄的接触变质带，如陶枣、滕州、济宁、巨野等区，并均有天然焦分布。

因此，山东晚古生代—中生代煤，基本上可划分成两条东西向变质带：北带包括黄河北、莱芜、章丘、淄博、坊子等，为中高变质煤带；南带包括阳谷、茌平、肥城、新汉及以南的各煤田，为中变质煤带。

华北赋煤区东南部的豫西、豫东、苏北、皖北各煤田，按煤的变质程度和变质作用类型，大致可划分成三条东西向变质带：北带的丰沛、徐州等煤田，以气煤为主，其次为肥煤、1/3焦煤，有岩浆侵入，接触带有贫煤、无烟煤和天然焦。南带从淮南、淮北向西延伸至平顶山、陕绳、宜洛，其东段以气煤、肥煤、1/3焦煤为主，岩浆侵入对淮北的影响较强，局部有贫煤、无烟煤和天然焦，而对淮南的影响很小；西段以气煤、肥煤、1/3焦煤和焦煤为主，局部有岩浆侵入，影响很小。中带自永夏延伸至新密、荥巩、龙堰、禹州、登封等地，基本属贫煤和无烟煤，石盒子组有焦煤。永夏岩浆活动强烈，以区域岩浆热变质和接触变质为主，深成变质的很少，西部高变质煤是深成变质与隐伏岩体岩浆热叠加的结果。

起主导作用的变质类型不同，使华北赋煤区一些大型盆地或矿区各具有不同的煤变质特点，可以归纳为：基本未受岩浆热影响仍保存深成变质特征，如鄂尔多斯和大同、宁武等盆地；区域岩浆热使深成变质的轮廓有很大改观，如沁水盆地；隐伏岩体所处地带与盆地沉降最深部位相吻合，煤变质带的分布符合深成变质特点，但最高煤级达无烟煤的为豫西及豫北地区；岩浆热变质完全改变了深成变质所形成的分带格局，如太行山东麓、京西、章丘、淄博、坊子、永夏等地；被大规模岩浆活动所包围的几处"孤岛"，还保留着深成变质特点的，如兖州、肥城、新汉等地；总体上以深成变质为主导，局部受浅成岩浆侵入，煤级升高达无烟煤或天然焦的，如开滦、丰沛、徐州、淮南等地。

4）华南赋煤区

华南赋煤区以大巴山—武陵山—都庞岭—云开大山一线为界分成东、西两区，两个区的煤变质作用类型有显著差别。

东区以华南褶皱系为主体，跨扬子地台的长江下游部分，岩浆活动几乎涉及东区各煤田，尤其沿南岭构造带自湘南、粤北、赣南至福建，燕山期岩浆热对煤变质影响巨大，各时期煤在深成变质的基础上几乎都不同程度地叠加了岩浆热，使煤级普遍升高，成为全国高变质煤最集中的地区。早石炭世、早二叠世煤为无烟煤和少量高变质烟煤。福建天湖山童子岩组煤挥发分仅1.50%，镜质组反射率达11.09%，碳元素含量高达97.73%，是我国变质程度最高的无烟煤。晚二叠世、晚三叠世煤为中—高变质烟煤和无烟煤。晚二叠世煤以无烟煤居多（图3-5）。晚三叠世在南岭—湘东南—萍乡、乐平—歙县、无为呈北东狭长条带内断续分布中高变质烟煤。早侏罗世在赣南、赣中、湘南、湘中、浙西、皖南零星分布着低变质烟煤至无烟煤，以中变质烟煤为主。

西区处于扬子地台上，早石炭世以后基本持续稳定沉降，所以沉积总厚度大，古地温高，煤层连续受热时间长，区内岩浆活动微弱，因此主体变质类型应为深成变质作用。

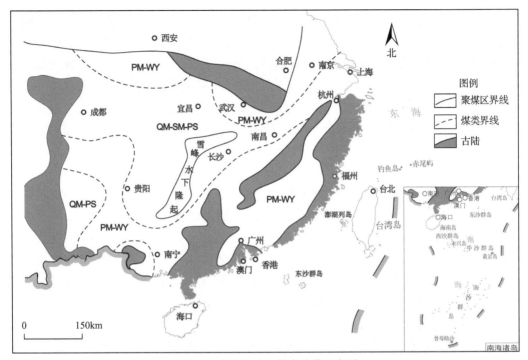

图 3-5　南方二叠纪煤类分带示意图

PS-贫瘦煤；SM-瘦煤；QM-气煤；WY-无烟煤；PM-贫煤

　　早石炭世、早二叠世煤零星分布于桂北、黔东、滇东和四川盆地的边缘地带，基本为无烟煤。晚二叠世煤大体可划分成呈南北向的三个变质带：东带为大巴山和重庆—遵义—贵阳—南宁一线以东，属中、高变质煤带，主要为肥煤—贫煤，局部有无烟煤，包括鄂西南的松宜、长阳，川东北大巴山、南桐、黔东北、黔东南及广西合山等煤田。大巴山和重庆—遵义—贵阳—南一线以西为中带，为无烟煤带，包括四川盆地、川南的筠连、古叙、黔西北的桐梓、织金、纳雍、安顺、盘南、兴义以及滇东老厂等地。西带为中—高变质煤带，包括六盘水、滇东羊场、恩洪、圭山等矿区，主要为气煤—瘦煤。

　　中带无烟煤是本区煤变质的中心区，其热源主要是煤层沉降深，地温逐渐增高所致。四川盆地中心地带的成都、遂宁、南充等地，晚二叠世煤埋深达 6000.00～8000.00m，推测古地温可达 170～230℃，煤变质为贫煤和无烟煤(夏玉成等，1993)，盆地边缘煤系的上覆地层较薄，推测古地温在 100℃左右，一般只达中—高变质烟煤阶段。出露于盆地边缘的晚三叠世煤为中变质烟煤。四川南部和贵州的大片无烟煤正处于莫霍面的隆起区，地温高异常，高热流值。晚二叠世煤系的上覆盖层厚度达 4000.00m，古地温梯度达 5.50℃/100m。在晚二叠世至中生代的持续沉降过程中，经受 240℃高温的深成变质作用而形成。

　　东带煤系及其上覆地层厚度相对较薄，地温梯度降低，推测古地温在 150℃以下。西带地温梯度也呈明显降低的趋势，推测古地温在 170℃以下，由无烟煤向西逐渐过渡到气煤，各变质带水平宽度较窄，但其水平分带和垂直分带特点均符合深成变质规律。

　　西带的岩浆活动主要发现于扬子地台西缘龙门山—哀牢山沿线，如攀枝花晚三叠世大莽地组有印支期玄武岩及花岗斑岩侵入，煤层局部受接触变质为天然焦。龙门山断裂带的五龙断裂沿线零星出露的晚三叠世小型煤产地的煤均为高变质无烟煤。据四川省煤田地质研究所（现称为四川省能源地质调查研究院）杨起等（1989）的研究，发现含煤地层中黏土矿物已普遍叶蜡石化，泥质岩已变质为泥板岩，推算出煤变质温度在300℃左右。煤的镜质组反射率达5.00%～6.00%，并有半石墨化显示。龙门山中段见辉绿岩脉侵入须家河组地层中。沿哀牢山深断裂分布的古近纪小煤盆地，已部分变质为低变质烟煤，其热源也是来自深部的岩浆热。

5）滇藏赋煤区

区内成煤期多，地层厚度大，但保存的含煤面积不大，含煤性较差。含煤地层主要分布在藏北（含青海乌丽）和藏南两个条带。北带沿唐古拉山—横断山分布，属中-高变质煤带，早石炭世煤为贫煤和无烟煤，晚二叠世煤为瘦煤—无烟煤，晚三叠世煤为肥煤和焦煤。南带西起狮泉河，沿雅鲁藏布江分布，中侏罗世煤为无烟煤，早白垩世煤为长焰煤—无烟煤，古近纪煤为褐煤、长焰煤、弱黏煤、肥煤、贫煤，新近纪煤为长焰煤。滇西地区仅有古近纪褐煤，局部变质为长焰煤。

该区煤的变质程度普遍较高，但随成煤时代由老至新，煤级由高至低基本还是有规律可循的。晚古生代至中生代各煤系的厚度一般都超过1000m，最厚的下白垩统多尼煤系可达1663.00～5563.00m，巨厚的沉积盖层使煤层经受了较强的深成变质作用。在深成变质的基础上，一些地区的早白垩世煤强烈变质为无烟煤，古近纪煤突变为中、高变质烟煤，这种煤级的突变现象，在全国是独一无二的，是该区煤变质的最大特点。上述基本规律和特点是由含煤地层所处的特殊地质环境造成的。

滇藏区的地质构造复杂，有四条近东西向的缝合带通过，次一级断裂全区分布，控制着各时代含煤地层的沉积和演化。深大断裂是地壳深部岩浆、热液的最佳通道，海西期、燕山期、喜马拉雅期的岩浆活动频繁，大量岩浆热及其伴随的热气、热水长期作用于煤层，使煤不同程度地提高了变质程度，受热剧烈部分的煤煤级发生跃变。该区又是新构造运动最活跃的地区，喜马拉雅山系一直处于隆起上升的态势，隆起区常是高热流值、地温异常地区。

（三）中国煤变质分布规律

中国煤变质的分布格局与中国大地构造格局的形成与演化是分不开的，在这一过程中，印支运动、燕山运动以及喜马拉雅运动对中国煤变质的分布产生了决定性影响。通过上述分析，我们可以得出如下规律。

1）中国煤变质具有南北分区、东西分带的特点

自北而南，中国煤变质程度有增强之势，反映为煤的异常热叠加变质作用的广泛性以及叠加强度由北而南增大：北部煤变质区基本上以煤的深成变质作用为主，异常热叠加变质作用只局部出现，且多以轻度—中度叠加变质作用为主，中部煤变质区煤的异常热叠加变质作用明显增强且分布较普遍，而南部煤变质区，尤其是东南部则更广且显著。

自西向东，中国的异常热叠加变质作用由弱变强：西部以煤的深成变质作用为主，异常热叠加变质作用为辅；而东部异常热叠加变质作用比较普通，且其强度往东有增大的趋势，如松辽、华北以及华南三亚区的内部，大体上又可以大兴安岭—太行山—武陵山和郯庐断裂为界进一步划分出西、中、东三个条带，这三个条带内煤的异常热叠加变质作用由西往东有增强之势，这与地壳厚度由西往东变薄、距离等温面埋深变浅、构造活动性及岩浆活动由弱增强的变化规律是一致的。这是太平洋板块向东亚大陆多次西向俯冲的必然结果，其影响程度自西向东增大。

2)煤变质亚区周缘煤的多热源叠加变质作用表现最为明显

煤变质亚区周缘地带往往是地壳对接消减带或现代板块相互作用的地区，断块的活动、岩浆的活动以及地壳厚度的变化部是最剧烈的地区，从而形成了高变质煤的带状乃至成片分布，如华北煤变质亚区南缘的无烟煤带，东南地区间浙赣粤高变质无烟煤区以及贺兰山高变质无烟煤带就是典型代表。

3)断块构造是在同一煤变质亚区内部控制煤变质分带的决定因素

不同规模、不同方向的深大断裂往往将地壳切割成许多断块，在断块内部煤变质程度较浅，而在断块间的断裂带附近则煤变质程度较深，特别是在那些多期活动且切穿莫霍面的深大断裂附近更是如此，这是地壳深部热物质易沿断裂带运移从而产生煤的异常热叠加变质作用的必然结果，如雅鲁藏布江断裂带附近高变质煤的出现当属此例。

总之，中国煤变质带的分布受控于区域大地构造，是多阶段演化、多热源叠加煤变质的综合反映。图3-6展示了中国主要聚煤期煤级的分布概况。

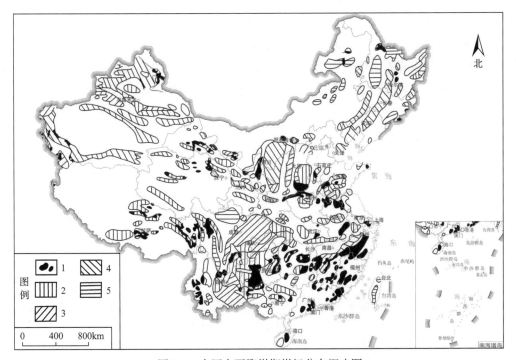

图 3-6　中国主要聚煤期煤级分布概略图

1-无烟煤；2-高变质烟煤；3-中变质烟煤；4-低变质烟煤；5-烟煤

第四节 煤炭资源分布

一、煤炭资源分布特征

我国煤炭资源丰富,含煤盆地众多,而我国煤炭资源赋存情况主要受东西向的昆仑—秦岭—大别山构造带、天山—阴山—图门山构造带两大巨型构造带和斜贯中国南北的大兴安岭—太行山—雪峰山构造带、贺兰山—六盘山—龙门山构造带控制。秦岭—大别山造山带以北赋煤盆地多,以南赋煤盆地少,以北多为大型赋煤盆地,特别是东北、华北以及西北的阿尔金山以西地区发育大型赋煤盆地,如准噶尔、塔里木、鄂尔多斯、二连、松辽盆地等,还包括吐哈、焉耆、大同、沁水、海拉尔、漠河等中型盆地。而秦岭—大别山以南仅四川盆地为大型含煤盆地,其余多为中小型赋煤盆地,且分散于赣中、闽北、闽西、滇西南以及两广南部近海地区。在造山带或造山带附近邻近区域煤盆地规模普遍偏小,甚至没有煤盆地分布。

沿昆仑—秦岭—大别山造山带从西往东,两侧的煤炭资源分布差异显著,以北的新疆、晋陕、安徽、河南等省(自治区)煤炭资源分布集中,而南部主要在四川地区才有大规模煤炭资源分布,往东延伸造山带一线仅在大别山的商城、固始一带石炭系杨山组发育薄煤层,其余地区基本是煤炭资源分布空白区。天山—阴山—图门山两侧煤炭资源分布差异虽不如中央造山带两侧明显,但在天山南北两侧的塔里木和准噶尔盆地内,煤炭资源近似环状分布,而沿天山一线,煤炭资源呈明显线状展布,新疆地区以东直至贺兰山西的中间广阔区域,煤炭资源呈明显零星分布;往东延在呼和浩特市南北,煤炭资源在主聚煤期分布上表现出明显差异。近南北向的大兴安岭两侧的煤炭资源分布显著不同,西部蒙东地区煤炭资源主要集中于二连等盆地,分布相对集中,而以东的东北三省,煤炭资源呈明显零星分布,大兴安岭一线几乎不存在煤炭资源;沿大兴安岭一线向南至燕山为煤炭资源分布空白区,进入太行山脉的自然延伸线,两侧煤炭资源分布也均较为富集;再往南的河南南部到湖北鄂西为煤炭资源分布空白区,湖南的雪峰山两侧邻近地区的煤炭资源均比较分散,但雪峰山以西、龙门山—哀牢山以东的川黔滇渝地区煤炭资源集中度较高,和雪峰山以东煤炭分布差异明显;贺兰山—六盘山—龙门山两侧的煤炭资源主要集中于造山带东部,以西地区资源分布较少。

我国煤炭资源除西北、华北、西南地区相对集中以外,其他地区均呈现明显的零星分布特点,煤炭资源总体呈现出"西多东少,北富南贫"的分布特征。

(一)煤炭资源分布与区域经济发展水平、消费需求极不适应

从煤炭资源的地理分布看,秦岭—大别山以北的储量/资源量占全国煤炭储量/资源量的 90.00%,且集中分布在晋陕蒙三省(自治区),占北方区的 64.00%;秦岭—大别山以南的储量/资源量只占全国煤炭储量/资源量的 10.00%,且集中分布在贵州和云南,占全国煤炭储量/资源量的 77.00%。我国经济最发达的东部十省(直辖市)(包括北京、辽宁、

天津、河北、山东、江苏、上海、浙江、福建、广东)，2001 年国内生产总值(GDP)为 6.08 万亿元，占全国国内生产总值的 56.8%，而保有资源量仅占全国的 5.00%。

按照西部大开发所做的划分，我国东部地区 2001 年 GDP 为 8.85 万亿元，占全国 GDP 的 82.90%，煤炭资源量占全国保有资源量的 38.25%；西部地区 2001 年 GDP 为 1.82 万亿元，仅占全国 GDP 的 17.10%，而煤炭资源量占全国保有资源量的 61.75%(图 3-7)。

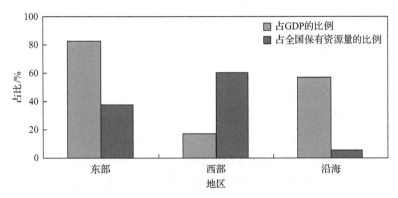

图 3-7　区域经济发展水平与资源分布对比图

(二)煤炭资源与水资源呈逆向分布

我国淡水资源较贫乏，全国水资源总量年均 2804 亿 m^3，人均占有量仅相当于世界人均占有量的 1/4，而且分布极不均衡，秦岭—大别山以北地区，面积占全国 50%左右，水资源总量年均 600.80 亿 m^3，仅占全国水资源总量的 21.40%；而太行山以西煤炭资源富集区水资源总量为 45.10 亿 m^3，仅占全国水资源总量的 1.60%。西部及北部地区水资源严重短缺，严重制约着煤炭资源的开发。

(三)生态环境严重制约着煤炭资源的开发

我国生态环境同气候条件密切相关，秦岭—大别山以北的北方地区大部分为大陆性干旱、半干旱气候带，尤其是大兴安岭和太行山以西地区，年降雨量大部分在 400.00mm 以下，气候干旱少雨，土地荒漠化十分严重，沙漠化面积大，几乎所有的沙漠都分布在这一地区。黄土高原地区沟壑纵横、水土流失十分严重，泥石流、滑坡等地质灾害频繁，植被覆盖率低，生态环境十分脆弱。而这一地区集中着我国近 90.00%的煤炭资源，生态环境成为这一地区煤炭开发的重要制约因素。

二、煤炭资源分布区划

科学地进行煤炭资源分布区划，对于阐明我国煤炭资源的分布特征，研究地区经济发展的资源潜力，分析煤田普查与勘探以及煤矿开发态势，具有重要的实际意义。

我国煤炭资源分布地域广阔，煤炭资源形成和演化的地质条件多种多样，不同聚煤期、不同地质环境的成煤条件、聚煤规律和构造演化差异显著，煤炭赋存地区的自然地理、经济发展水平差异很大，煤炭资源的开发程度也有很大差别。为了明确反映我国煤炭资源分布的基本特点，采用以成煤地质背景为主线，结合其他因素，进行煤炭资源分布区划。煤田预测所采用的关于聚煤区、含煤区、预测区的划分原则，基本上符合我国的实际情况。结合近年来煤田地质勘探和研究的新成果，将煤炭资源分布区划划分为赋煤区、含煤区、煤田或煤产地、勘探区（井田）或预测区四级。

赋煤区是依据主要含煤地质时代的成煤大地构造单元划分的一级赋煤区划，为聚煤盆地或聚煤盆地群内的煤炭资源赋存地域。赋煤区内可能赋存有两个或两个以上的含煤地层，也可能跨越不同的大地构造单元。从资源赋存的角度将这一级别区划称为赋煤区。

含煤区是在赋煤区范围内，按主要含煤地层沉积特征、含煤性的差异和区域构造特征进行划分的二级赋煤区划，是聚煤盆地或盆地群在经历后期变形改造后所形成的赋煤单元或含煤盆地（群），一般以区域构造线或沉积（剥蚀）边界圈定其范围。含煤区通常有一个地质时代的含煤地层，也可能包含有继承性的两个地质时代的含煤地层。对大型含煤盆地（如鄂尔多斯）则同时兼顾煤炭资源分布的行政区归属；对零星的小型含煤盆地或赋煤单元，也可能跨省界进行归并（如豫北、鲁西北、徐淮、川鄂湘等）。在我国北方地区，含煤区有时与习惯所称的大型"煤田"相当。

煤田或煤产地是在含煤区内按后期构造变形特征与含煤性进行划分的三级赋煤区划。煤产地一般指单一地质时代的含煤盆地经历变形改造后，基本保持连续分布并与相应的煤炭开发布局区划相当的较小的赋煤构造单元。资源规模较小，分布零星或未能形成煤炭开发布局区划的赋煤单元称为煤产地，在南方地区也称为煤田。

勘探区（井田）或预测区是煤产地内按勘探区边界、井田边界或预测区边界进行划分的最基本的赋煤单元。勘探区（井田）或预测区的面积可能相差很大，从几平方千米到几百平方千米。在我国南方的个别地区，也有称井田为"矿区"的。

按照上述划分，全国煤炭资源分布的一级区划单元共五个，如图 3-8 所示。

（一）东北赋煤区

1. 分布范围

该区位于狼山—阴山—燕山一线以北，包括东北三省、河北北部和内蒙古的东部和中部。大地构造区划属天山—兴蒙褶皱系的东部以及华北地台的北缘，区内以早白垩世含煤盆地群为主，并有新生代、早中生代和晚古生代含煤盆地的分布，以内陆断陷含煤盆地成群分布为特征，盆地多呈北东方向展布，含煤层位为下白垩统、上侏罗统、古近系，含煤性较好。

2. 煤层发育特征

东北赋煤区以下白垩统煤层为主。大兴安岭以西的内蒙古地区分布着规模不等的聚煤盆地 40 余个，如伊敏、霍林河、胜利、扎赉诺尔、大雁等，煤层厚度巨大，平均可采

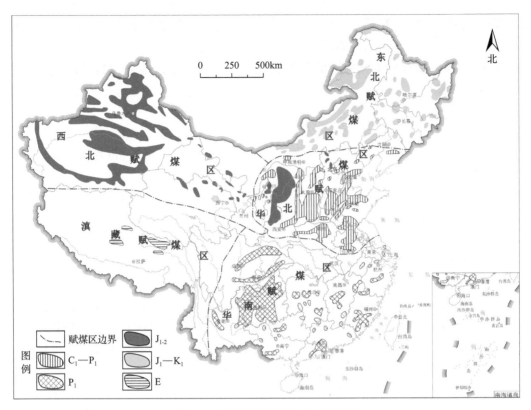

图 3-8　我国煤炭资源的分布示意图

煤层总厚达 60 余米，常有巨厚煤层发育，但侧向不甚稳定，结构复杂。大兴安岭以东的东北地区，各聚煤盆地煤层层数增多，煤层总厚明显减小，含煤 6～20 层，可采煤层总厚在 20.00m 左右。

东北古近纪—新近纪聚煤盆地规模相对较小，多沿深大断裂带呈串珠状展布，如沿密山—抚顺断裂带分布的虎林、平阳镇、敦化、桦甸、梅河、清源、抚顺、永乐等盆地，沿依兰—伊通断裂带分布的宝泉岭、依兰、五常、舒兰、伊通、沈北等盆地，含煤性较好，常有巨厚煤层赋存，在抚顺、沈北等盆地煤层最厚可达 90 余米。

（二）华北赋煤区

1. 分布范围

北界为狼山—阴山—燕山一线，西至贺兰山—六盘山，南界为秦岭、伏牛山、大别山，华北赋煤区包括内蒙古的乌海和乌达，宁夏石嘴山石炭井以东，内蒙古和辽宁南部以南，陕西、河南、安徽、江苏四省的北部以北所包围的广大地区，包括北京、天津、河北大部、山西、陕西、宁夏大部、山东以及河南、安徽、江苏三省的北部和内蒙古西部的部分地区。该区处于华北地台的主体部位，以华北晚古生代聚煤盆地经后期改造形成的一批含煤盆地为主，并有中侏罗世及零星的古近纪和新近纪含煤盆地分布，以发育巨型陆表海拗陷盆地为特征，石炭纪—二叠纪含煤地层受盆地南北两侧巨型构造带的控制，沉积相及富煤带呈近东西向展布，西部还上叠有鄂尔多斯大型内陆拗陷含煤盆地，早-中侏罗世含煤地层受湖盆构造轮廓控制，多呈环带状展布，两者含煤性均尚好，是中国最重要的聚煤区。

2. 煤层发育特征

华北赋煤区的主要聚煤期为石炭纪—二叠纪与早-中侏罗世，局部地段发育晚石炭世、晚三叠世及古近系和新近系可采煤层。

晚石炭世可采煤层分布于北纬 35°以北的地区，晚二叠世可采煤层遍及整个华北盆地，含煤系数 4.80%～15.60%，含煤 5～10 层，含煤性好。石炭纪—二叠纪主要可采煤层厚度具有北厚南薄的总体展布趋势，南北分带明显。北纬 38°以北存在一个厚煤带，厚度一般在 15.00m 以上，最厚可达 30 余米，该带进一步发生东西分异，呈现出厚薄相间的南北向条带。

在北纬 35°～38°，煤层厚度多为 10.00～＞15.00m，大于 15.00m 者呈席状、片状分布，小于 5.00m 者零星展布在肥城、晋城、邯郸等地区。在北纬 35°以南的南华北地区，煤层厚度多在 10.00m 以下，且有向南变薄的趋势。华北赋煤区的晚二叠世煤层仅局限于南华北地区，含煤系数 0.90%～3.30%，含煤 15～25 层，以中厚煤层为主，煤层北薄南厚，呈东西走向的条带状分布，煤层总厚度在安徽淮南和河南确山一带可达 20.00m 以上，且有向南增厚的趋势。

华北赋煤区早-中侏罗世煤层主要赋存于鄂尔多斯盆地及大同、京西、大青山、蔚县、义马、坊子等小型山间湖盆内。鄂尔多斯盆地延安组共含煤 10～15 层，主要可采层 5～7 层，累计可采厚度 15.00～20.00m，煤层集中分布于盆地的西部和东北部，煤层厚度具有由北向南、自西向东减薄的趋势，煤层层数多，分布面积广，横向较为稳定，累计厚度大，局部可达 40 余米。在延安、延川、延长一带出现无煤区。

(三) 西北赋煤区

1. 分布范围

该区位于贺兰山—六盘山以西，昆仑山—阿尼玛卿山以北，包括新疆、甘肃、青海北部、宁夏南部、内蒙古西部和陕西的部分地区。该区地处天山—兴蒙褶皱系的西部、塔里木地台和秦—祁—昆褶皱系的西部。区内以早-中侏罗世聚煤作用为主，含煤地层的分布遍及天山南北的伊犁、准噶尔、吐鲁番—哈密等大型盆地，以及昆仑山北麓、祁连山、河西走廊等地区，石炭纪—二叠纪、晚三叠世煤有零星分布。含煤盆地多呈东西向和北西向展布，主要是在稳定地台或地块的基础上发育的大型拗陷湖盆，含煤性甚佳，在古生代褶皱基底上，还有不少小型断陷或拗陷含煤盆地发育，含煤层位为石炭系、下二叠统和上三叠统，含煤性一般较差。

2. 煤层发育特征

西北赋煤区主要含煤地层为下-中侏罗统,分布于80余个不同规模的内陆拗陷盆地,如准噶尔、吐哈、伊犁、塔里木、柴达木、民和、西宁、木里等盆地。

准噶尔盆地展布着东部、北部及南缘三个聚煤带。其中:东部和北部聚煤带以八道湾组为主,煤层累计厚度分别为50.50m和40.00m,最大单层厚度分别为15.00m和10.00m;南缘聚煤带以西山窑组为主,煤层累计厚度达60余米,单层厚度一般为4.00~5.00m,富煤带展布方向与盆缘构造带展布方向一致。

吐哈盆地受北东向古隆起的影响,下-中侏罗统含煤沉积被一分为二,西部为吐鲁番凹陷,东部为哈密凹陷。在吐鲁番凹陷中,煤层主要分布在吐鲁番—七克台和艾维尔沟地区,前者煤层最厚达120余米,向四周逐渐变薄。西端艾维尔沟地区含煤12~18层,可采厚度6.28~76.33m,平均可采总厚32.20m,以中厚煤层为主,含厚煤层2~3层,煤层结构较简单,平均层间距达25.00m。

(四)华南赋煤区

1. 分布范围

华南赋煤区位于秦岭—伏牛山—大别山一线以南,包括陕西、河南、安徽、江苏四省的南部,四川与云南大部及以东的广大地区。该区位于扬子地台、华南褶皱系及滨太平洋褶皱系(台湾)。区内以二叠纪聚煤作用为主,并有石炭纪、晚三叠世及古近纪和新近纪煤的分布。盆地展布方向往往受褶皱系或基底构造控制,变化较大:华南古陆石炭系和二叠系为浅海、滨海拗陷盆地沉积,含煤地层总体上呈北东方向展布,含煤性较好;川滇地区上三叠统为大型前陆拗陷和小型内陆山间盆地含煤沉积并存,含煤性差异较大;华南地区上三叠统呈狭长港湾状海湾型近海盆地,发育有海陆交替相含煤沉积,含煤性亦优劣不一;华南地区古近纪与新近纪含煤沉积多为陆相断陷和拗陷湖盆沉积,含煤性较好,盆地展布方向受控于基底构造,海南琼州海峡及雷州半岛则为近海湖盆沉积,台湾新近纪含煤地层系地槽型沉积,受环太平洋构造带控制,呈北东向展布。其中上海未发现有含煤地层。台湾的古近纪和新近纪煤按现行规定衡量均属不可采,加之地质工作程度低,资料缺乏,故在煤炭资源的各种统计和分析中均未包括台湾,也未对其进行煤炭资源预测。

2. 煤层发育特征

在华南赋煤区西部,上二叠统煤层厚度呈现出中部厚、向四周变薄的总体展布趋势,周边煤层厚度一般小于5.00m,中部煤层的发育特征在黔北—川南隆起带、黔中斜坡带、黔西断陷区和滇东斜坡区有所不同。

黔北—川南隆起带上分布着川南、南桐、华蓥山、桐梓和毕节等煤田或矿区,含煤3~53层,平均16层。煤层总厚0.45~28.12m,平均6.24m;可采煤层总厚1.90~23.25m,平均4.33m;局部可采煤层14层,大多为薄煤层,有1~2层为中厚煤层。

黔中斜坡带分布有贵阳、织纳、威宁等煤田或矿区，含煤8～82层，平均26层，煤层总厚1.51～45.03m，平均16.35m；可采煤层总厚3.04～38.00m，平均9.98m；局部可采煤层16层，多为薄煤层。

黔西断陷区主要为六盘水煤田，其是华南西部的重要富煤地区，含煤13～90层，平均37层，煤层总厚7.02～69.75m，平均总厚28.88m，可采总厚4.68～45.79m，平均15.27m，可采煤层14层，以中厚煤层为主，单层厚均在1.35m左右。

滇东斜坡区包括宣威和恩洪两个矿区，煤层层数及厚度均向西减少，含煤4～80层，平均36层，煤层总厚3.54～50.53m，平均18.54m，可采煤层总厚2.72～42.13m，平均11.11m，局部可采煤层17层，多为薄煤层，有1～2层中厚煤层发育。

在华南赋煤区东部，煤层发育于下石炭统测水组和上二叠统龙潭组。下石炭统测水组富煤带分布于湘中和粤北地区。湘中含煤3～7层，其中3号煤层为主要可采煤层，2号和5号煤层为局部可采煤层。3号煤层厚度0～19.71m，平均1.50m左右，以渣渡矿区发育较好，平均厚度可达3.55m左右，煤层结构简单至复杂。在金竹山矿区西北部及芦毛江矿区，下石炭统煤层以煤组出现，最多可达10个分层，煤层较稳定到不稳定，5号煤层厚度0～21.00m，平均1.30m左右，在金竹山矿区一带发育较好，平均厚达2.28m，且结构简单，3号煤层与5号煤层的间距为0～10.00m。此外，在粤北地区含可采或局部可采煤层2层，2号煤层厚度0～6.00m，平均1.00m左右，3号煤层厚度0～42.50m，平均3.00m，结构极为复杂，煤层极不稳定，两煤层之间间距在18.00m左右。

华南东部上二叠统龙潭组含煤沉积被古陆和水下隆起所分隔，各聚煤拗陷内含煤性差异较大，龙潭组普遍含有可采煤层，由南向北大致可分为三个聚煤带：

南带位于赣南—粤北—湘南一带。赣南信丰、龙南含B_{24}、B_{26}、B_{28}等不稳定可采煤层，单层厚度在1.00m左右；粤北韶关含煤10余层，其中11号煤层全区稳定可采，厚约2.00m；湘南郴州含煤10层，其中5号和6号煤层稳定可采，厚度小于2.00m。

中带展布于湘中—赣东—皖东南—浙西北—苏南一带，是华南东部龙潭组的主要富煤地带。湘中涟邵含煤6层，其中2号煤全区稳定可采，厚约2.00m。赣中萍乡、乐平等地含A、B、C三个煤组，其中B组煤全区发育，C组煤在赣东上饶发育较好，A组煤在萍乡一带发育较好，厚约2.00m。在皖东南、浙西北的长兴—广德地区，发育A、B、C、D四个煤组，其中C_2煤层全区稳定可采，厚度一般小于2.00m。在苏南一带发育上、中、下3个煤组，其中上煤组3号煤层较为稳定，厚度1.00～2.00m。

北带位于鄂东南—皖南—赣北一带，龙潭组相对较差。鄂东南黄石地区含上、中、下3层煤，其中下煤层较为稳定，厚1.00m左右。皖南铜陵、贵池一带含煤7层，均为不稳定薄煤层，其中A、B、C三层煤局部厚度可达1.00m。赣北九江仅含不稳定的薄煤层。

（五）滇藏赋煤区

1. 分布范围

滇藏赋煤区指位于昆仑山以南、龙门山—哀牢山一线以西，包括西藏、青海南部、四川西部和云南西部。地处滇藏褶皱系，自晚古生代至第三纪均有聚煤作用发生，含煤地层沉积巨厚，但含煤性很差，仅青海南部与藏东的扎曲—昌都—芒康一带的石炭纪煤和晚三叠世煤稍具规模，石炭系和二叠系为复理石式或浅海碳酸盐沉积，三叠系为地槽型沉积，古近系与新近系为小型断陷或拗陷湖盆沉积，含煤性均差。

2. 煤层发育特征

滇藏赋煤区聚煤作用具有时代多、分布广、煤层层数多、厚度薄和稳定性差的总体特点，早石炭世、晚二叠世和晚三叠世都有可采煤层形成，主要分布于唐古拉山山脉附近。下石炭统和上二叠统含煤煤层分布面积较大，含煤 2~80 层，单层厚度在 1.00m 左右。上三叠统含煤 6~68 层，单层厚度一般小于 1.00m。

我国具有工业价值的煤炭资源主要赋存在晚古生代的早石炭世到新生代的古近纪和新近纪。其间重要成煤期有：早石炭世(C_1)、北方晚石炭世—早二叠世(C_3-P_1)、南方二叠纪(P)、晚三叠世(T_3)、早-中侏罗世(J_{1-2})、早白垩世(K_1)、古近纪和新近纪(E)。其中最主要的是：广泛分布在华北地区、东北南部和西北东部地区的晚石炭世—早二叠世；广泛分布在长江以南地区的二叠纪；集中分布在西北地区、华北北部和东北南部的早-中侏罗世以及分布在东北地区和内蒙古东部的早白垩世。这 4 个时期所赋存的煤炭资源量约占全国煤炭资源总量的 98.00%。由于成煤期多，我国煤炭资源分布比较广泛，并且还在一些成煤条件有利的地区集中形成了若干个富煤带。因此，既广泛又相对集中是我国煤炭资源地理分布的重要特征。

我国煤炭资源除上海以外其他各省(自治区、直辖市)均有分布，但分布极不均衡。煤炭保有资源量最多的内蒙古煤炭资源量多达 3958.34 亿 t，占全国煤炭保有资源量的 33.80%。我国煤炭保有资源量大于 1000 亿 t 的省(自治区)有山西、新疆和内蒙古，其煤炭保有资源量之和为 8080.59 亿 t，占全国煤炭保有资源量的 69.00%。我国煤炭资源保有资源量大于 500 亿 t 以上的省(自治区)是新疆、内蒙古、山西、陕西、贵州，煤炭保有资源量之和 9461.92 亿 t，占全国煤炭保有资源总量的 80.80%。煤炭保有资源量小于 500 亿 t 的省(自治区)煤炭资源量之和仅为 2248.75 亿 t，仅占全国煤炭资源量的 19.20%。

总之，我国煤炭资源地域分布上北多南少、西多东少的特点，决定了我国西煤东运、北煤南运的基本生产格局。

三、煤炭资源总量及构成

据新一轮全国煤田预测汇总统计结果，除台湾地区外，我国垂深 2000m 以浅煤炭资源总量为 53663.20 亿 t。其中，探明保有资源量 14891.90 亿 t，预测煤炭资源量为 38809.40 亿 t，煤炭储量为 14853.80 亿 t。预测煤炭资源量按埋藏深度分：600m 以浅为 7253.10 亿 t，601~1000m 为 7130.30 亿 t，1001~1500m 为 11756.50 亿 t，1501~2000m 为 12669.50 亿 t。在探明保有资源量中，生产、在建井占用资源量 38191.00 亿 t，尚未利用资源量 15472.20 亿 t。

　　本书中所有使用的煤炭资源数据，如无特殊说明，均来自第三轮全国煤炭资源潜力调查评价结果；另外，受到国家环保政策的影响，青海大部分采煤区已经划定为开发性保护区，除木里煤田外，青海煤炭资源储量不再记入统计数据。

第四章

焦化用煤的划分

一、焦化用煤概况

炼焦(又称煤炭的焦化)是煤炭深加工利用的重要途径之一。将煤在隔绝空气的条件下进行干馏,其产物主要有挥发性的气体(煤气、焦油气、蒸汽等)、不挥发性的液体(主要是煤焦油)和固体残留物——焦炭。干馏根据干馏条件的不同可分为低温干馏(500~550℃)、中温干馏(700~900℃)和高温干馏(950~1050℃)三种。不同干馏条件下干馏产品的产率、性质、组成和用途也有较大差别。低温干馏主要是制取煤气和低沸点的烃类,以褐煤和低变质程度的烟煤(高挥发分)为主要原料。始于16世纪的高温炼焦是为满足炼铁需要而发展起来的。通过400多年的发展,高温炼焦的技术日臻完善。目前,焦炉已向大型化(加大炭化室尺寸)和高效化(减薄炭化室炉墙,提高炭化室温度)发展,使焦炭产量有了很大增加,以适应冶金、化工等行业发展的需要。但是,焦炭需求量与优质焦化用煤储量间的矛盾日益突出(世界煤炭探明可采储量6万亿t,其中焦化用煤约1万亿t,且焦化用煤资源主要集中在美国、中国和俄罗斯三国,这三国约占3/4,其余分布在澳大利亚、波兰和哥伦比亚等国),为缓解这一矛盾,要靠配煤炼焦和用非焦化用煤炼焦技术的发展。目前,以弱黏煤/不黏煤为原料的炼焦新工艺已达到工业化水平,从而成为解决用非焦化用煤煤种炼出优质焦炭的主要方法。型煤炼焦经过近30年的试验和发展,将成为今后发展冶金焦和非冶金焦的重要方向(德国每年处理7000多万吨褐煤用于生产褐煤焦)。

煤在隔绝空气条件下加热到950~1050℃,经过干燥、热解、熔融、黏结、固化、收缩等阶段最终形成的焦炭,广泛应用于高炉冶炼、铸造、气化和化工等部门作为燃料或原料;炼焦过程中得到的干馏煤气经回收、精制得到各种芳香烃和杂环化合物,可作为合成纤维、染料、医药、涂料和国防等工业原料。

焦化用煤需用洗选的精煤。在我国现行煤炭分类中,适于炼焦的煤种主要是气煤、肥煤、焦煤、瘦煤和弱黏煤。前四种煤为焦化用煤,弱黏结煤则是介于焦化用煤和非焦化用煤之间的煤种，可以用作炼焦配煤。《商品煤质量 炼焦用煤》（GB/T 397—2022）中规定了冶金焦用煤的类别，为气煤、1/3焦煤、气肥煤、肥煤、焦煤、瘦煤，也可通过采用新的炼焦工艺利用弱黏煤、褐煤进行炼焦。我国焦化用煤资源丰富，但以高挥发分气煤（包括1/3焦煤）为主，而肥煤、焦煤、瘦煤加在一起尚不到焦化用煤储量的50.00%。其中，约有一半的肥煤、瘦煤为高硫煤，有约 30.00%的焦化用煤为高硫、高灰煤。因此，资源状况决定了长期以来我国优质焦化用煤处于短缺局面。随着国内外钢铁、机械制造等行业的不断发展以及高炉的不断大型化，不仅对焦炭需求量越来越大，还对焦炭的质量指标要求越来越高，更加剧了优质焦化用煤的供需矛盾（王利斌等，2003）。

在适于炼焦的这几种煤当中，随着它们煤化程度的不同，其结焦性和化产率也有所不同。例如，就结焦性的好坏而言，焦煤是结焦性最好的一种焦化用煤，大多数焦煤在单独炼焦时，能获得块度大、裂纹少、强度高和耐磨性好的优质冶金焦炭，但用这种煤单独炼焦时，收缩度小、膨胀压力大，在生产中常会因推焦困难而损坏焦炉。就化产率的高低而言，气煤是化产率最高的一种焦化用煤。炼焦时，气煤一般都能单独炼焦，但在结焦过程中收缩大，焦炭多细长而易碎，并常有较多的纵裂纹。在炼焦时多配入这种煤，可以降低焦炉的膨胀压力，增大焦饼的收缩，增加产率。

在现代的炼焦生产中，采用单种煤炼焦的极少，绝大多数都是采用配煤炼焦。在炼焦配煤中，必须根据煤种的不同煤化度进行适当的搭配，并使其控制在一定范围之内。只有这样，才能在保证焦炭质量要求的前提下，合理利用我国的煤炭资源。

随着炼焦技术的发展，炼焦配煤已经不限于上述几种适合炼焦的煤种，还可以扩大到使用部分非焦化用煤。例如，瘦煤结焦性差，在配煤炼焦中仅起瘦化剂的作用，而无烟煤是一种高含碳量的强瘦化剂，因此用无烟煤代替瘦煤配煤炼焦是可行的。实践证明，在炼焦过程中加入适量（3.00%～10.00%）且适当粒度的无烟煤进行炼焦，既可提高焦炭成焦率及冶金焦的机械强度，又可降低原料煤的采购成本（程启国等，2000；王元顺等，2002；叶元樵，2002；高磊等，2002；盛建文等，2002）；采用开发出的型焦工艺用中，低阶无烟煤炼制的型焦质量达特级、一级铸造焦标准或一级冶金焦标准（王燕芳等，2001）。添加无烟煤，采用捣固炼焦配煤工艺，只要合理调整配比、粒度和工艺参数，焦炭质量完全可以达到一级冶金焦要求，同时亦可满足出口焦炭的目标要求（韩永霞等，2000；王利斌等，2003）。在生产铸造用焦的过程中，为了增大焦炭的块度，有时也配入无烟煤等作瘦化剂。

不黏煤本身没有黏结性，单独炼焦时不结焦，配入该煤后会使焦炭的机械强度变坏，尤其是配煤中肥煤的配入量较少时更为明显。从不黏煤的煤质分析看，其是低灰、低硫、挥发分较高、变质程度较低的煤，这些指标与气煤接近，配入后对焦炭的y值、$G_{R,I}$值、灰分、硫分和煤气发生量等影响不大，因此，在配煤中配入少量不黏煤（≤5.00%）可用来取代气煤（崔洪江等，2002）。同理，实际炼焦时也可配入少量长焰煤（刘建清和孟繁英，2002）。

在实际炼焦生产中，为了节约成本、提高经济效益，在采用新的配煤工艺的前提下，不黏煤、长焰煤、贫煤和无烟煤等传统的非焦化用煤已普遍被用作炼焦配煤，但配入量较少。因此，在此所讨论的焦化用煤仍然指的是传统的焦化用煤。

二、焦化用煤的分类

按中国煤炭资源和煤炭统计分类，焦化用煤包括气煤（QM）、肥煤（FM）、焦煤（JM）、瘦煤（SM）、气肥煤（QF）、1/3焦煤（1/3J）、贫瘦煤（PS）等。从全国范围看，我国焦化用煤储量占煤炭资源总储量的18.15%，焦化用煤煤种齐全，但分布不均匀。产量主要集中在山西、安徽等省份。根据2016年的数据，山西是国内最大的焦化用煤煤种生产省，产量约占全国产量的40.17%，也是焦化用煤的主要输出省，其次是安徽和山东，产量分别占10.81%和10.73%，贵州、内蒙古、河南、黑龙江、河北的产量占到4.00%～7.00%（李丽英，2018）。

目前我国的焦化用煤产能基本能够满足经济发展的需要，但分煤类的生产量和需求量之间不匹配，气煤有较大的富裕，肥煤、焦煤等其他焦化用煤比较紧缺。据2018年数据，在已发现的焦化用煤资源量中，气煤占34.82%，气肥煤、肥煤、1/3焦煤、焦煤、瘦煤分别占4.28%、8.85%、4.81%、24.41%、16.67%。张世奎（2005）曾明确提出焦化用煤的主力煤种肥煤、焦煤和瘦煤三煤种为稀缺煤种，保守估计埋深1500m以浅它们的资源量分别只有1248.00亿t、2230.00亿t和1385.00亿t（毛节华和许惠龙，1998）。肥煤、焦煤和瘦煤是炼焦的骨架性煤种，是焦化用煤的"主角"，即没有这些煤种为原料就炼不出高质量的焦炭。

《稀缺、特殊煤炭资源的划分与利用》（GB/T 26128—2010）将肥煤、焦煤、瘦煤的焦化用煤资源划分为焦化用煤。由于在我国的焦化用煤资源中，气煤占34.82/%，气煤炼焦配比小，而焦精煤和肥精煤炼焦配比要求达到63.9%，本书将除气煤之外的气肥煤、肥煤、1/3焦煤、焦煤、瘦煤划分为稀缺焦化用煤，如表4-1所示。

表4-1 稀缺焦化用煤炭资源分类

煤种	分类指标			
	V_{daf}/%	$G_{R.I}$	y/mm	b/%
瘦煤	10.00～20.00	20.00～65.00		
焦煤	10.00～28.00	>50.00	≤25.00	≤150.00
肥煤	10.00～37.00	>85.00	>25.00	>150.00
1/3焦煤	28.00～37.00	>65.00	≤25.00	≤220.00
气肥煤	>37.00	>85.00	>25.00	>220.00

资料来源：《中国煤炭分类》（GB/T 5751—2009）。

焦化用煤的基本特性及其主要用途如下所述。

（一）气肥煤

气肥煤是一种挥发分和胶质层最大厚度 y 都很高的强黏结性焦化用煤，有人称之为液肥煤。其结焦性优于气煤而低于肥煤，胶质体虽多但较稀（即胶质体的黏稠度小），单独炼焦时能产生大量的煤气和液体化学产品。它最适合于高温干馏制造城市煤气，也可用于配煤炼焦以增加化学产品的产率。这类煤的成因特殊，煤岩成分中树皮质等壳质组分较多，且多形成于晚二叠世乐平组。江西乐平和浙江长广煤田是中国典型气肥煤的矿区，山东的新汶和肥城等矿区也有气肥煤，其最大的缺点是硫分普遍较高。

（二）肥煤

肥煤是中等挥发分及中高挥发分的强黏结性焦化用煤，其挥发分多在 25.00%～35.00%。加热时能产生大量的胶质体，单独炼焦时能生成熔融性好、强度高的焦炭，耐磨强度比相同挥发分的焦煤炼出的焦炭还好。但单独炼焦时焦炭有较多的横裂纹，焦根部分常有蜂焦，它是配煤炼焦中的基础煤。中国的开滦、霍州是生产肥煤的主要矿区，淮北矿区也生产肥煤。

（三）1/3 焦煤

1/3 焦煤是挥发分中等偏高的较强黏结性焦化用煤，它相当于 1958 年制定的煤分类中的 2 号肥气煤及部分 2 号肥焦煤，也有少量黏结性较好的 1 号肥气煤和 1 号肥焦煤，是一种介于焦煤、肥煤和气煤之间的过渡煤。在单独炼焦时能生成熔融性良好、强度较高的焦炭，焦炭的抗碎强度接近肥煤，耐磨强度则又明显高于气肥煤和气煤。因此，它既能单煤炼焦供中型高炉使用，也是良好的配煤炼焦的基础煤。在炼焦时其配入量可在较宽范围内波动而获得高强度的焦炭。平顶山矿区以生产 1/3 焦煤为主，淮南、枣庄等矿区也有较多的 1/3 焦煤。

（四）焦煤

焦煤是一种结焦性很强的焦化用煤，挥发分一般为 16.00%～28.00%。加热时能产生热稳定性很高的胶质体，单独炼焦时能得到块度大、裂纹少、抗碎强度和耐磨强度都很高的焦炭。但单独炼焦时膨胀压力大，有时易产生推焦困难。一般作为配煤炼焦使用较好。峰峰五矿、淮北后石台矿及古交西曲等矿井我国典型的焦煤代表。

（五）瘦煤

瘦煤是具有中等黏结性的低挥发分焦化用煤。炼焦过程中能产生相当数量的胶质体，y 值一般在 6.00～10.00mm。单独炼焦时能得到块度大、裂纹少、抗碎强度较好的焦炭，但其耐磨强度较差，以作为配煤炼焦使用较好。陕西韩城矿区是典型的瘦煤资源区。高硫、高灰的瘦煤一般只作为电厂及锅炉的燃料。

第五章

焦化用煤分布

我国焦化用煤分布广泛，但从地域和煤类上统计资源量分布不均，本书从资源量分布、分布范围和煤质特征三方面对我国焦化用煤进行全面统计分析。据统计，根据第三轮全国煤炭资源潜力调查评价结果，我国焦化用煤保有资源量为 2688.09 亿 t，占全国煤炭保有资源总量的 18.09%，其中，气肥煤保有资源量 115.42 亿 t，占焦化用煤保有资源量的 4.28%，肥煤保有资源量 238.70 亿 t（占 8.85%），1/3 焦煤保有资源量 129.59 亿 t（占 4.81%），焦煤保有资源量 657.95 亿 t（占 24.41%），瘦煤保有资源量 449.52 亿 t（占 16.67%）、未分类煤保有资源量 165.24 亿 t（占 6.13%）。

第一节　焦化用煤分布范围

我国焦化用煤分布集中，主要分布于华北赋煤区，本章统计分析了我国五大赋煤区焦化用煤分布的主要矿区（煤田）。山西焦化用煤资源量大，分布矿区多，是我国重要的焦化用煤分布省份，因此将山西作为重点省份，对其焦化用煤资源分布情况进行详细分析研究。

一、华北赋煤区

华北赋煤区位于我国中、东部，北起阴山—燕山，南至秦岭—大别山，西至桌子山—贺兰山—六盘山，东临渤海、黄海，包括北京、天津、河北、山西、山东诸省（直辖市）及宁夏、甘肃的东部以及河南、陕西大部，江苏与安徽的北部和内蒙古的中、南部，面积 102.20 万 km^2（图 5-1）。该区是我国煤炭资源最丰富的地区之一，是我国最重要的煤炭基地，分布有晋能控股煤业集团有限公司、山西焦煤西山煤电（集团）有限责任公司、开滦（集团）有限责任公司、冀中能源峰峰集团有限公司、焦作煤业（集团）有限责任公司、平顶山煤业（集团）有限责任公司、兖矿能源集团服务有限公司、淮南矿业（集团）有限责任公司、淮北矿业(集团)有限责任公司等著名的煤炭企业，在我国能源供应体系中占有举足轻重的地位。

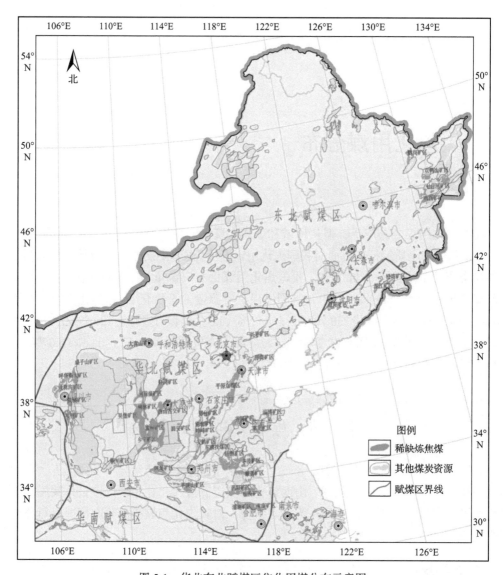

图 5-1 华北东北赋煤区焦化用煤分布示意图

华北地区的聚煤期主要为石炭纪—二叠纪，其次为早-中侏罗世和晚三叠世，古近纪也有煤的聚积。石炭纪—二叠纪太原组、山西组广泛分布于全区，为区内主要含煤地层。太原组以海陆交互相沉积为主，在鄂尔多斯的北西缘为陆相沉积。北纬38°以北的大同、平朔、准格尔、桌子山、贺兰山和河北保定—开平一线为富煤区。山西组以陆相沉积为主，鄂尔多斯东缘的中南段、晋南、晋东南及太行山东麓豫西、鲁西南等地发育较好，主采煤层厚达 3~6m。早二叠世下石盒子组为陆相沉积，可采煤层发育于北纬 35°以南的豫西、两淮地区。晚三叠世瓦窑堡组含薄煤或煤线 30 层，仅子长一带可采或局部可采。

中侏罗世延安组、大同组、义马组分别于鄂尔多斯盆地、晋北宁武—大同和豫西出露，含可采煤层。早白垩世青石砬组在冀北隆化张三营含煤1～4层，局部可采，不稳定。古近纪含煤地层主要发育于山东东北部的临朐、昌乐、龙口一带，河北、山西等地有零星分布。含煤地层有鲁东的黄县组/五图组和豫东的东营组、馆陶组等，以鲁东黄县组/五图组较为重要。

该赋煤区位于华北地台的主体部位，被构造活动带环绕，受基底性质、周缘活动带和区域力源的控制，煤系变形存在较大差异，具明显的变形分区特征，总体呈不对称的环带结构，变形强度由外围向内部递减。北、西、南外环带挤压变形剧烈，为构造复杂区。赋煤区主体西部为鄂尔多斯含煤盆地，东部为华北(山西)、环渤海(冀、鲁、皖)含煤盆地(群)。鄂尔多斯含煤盆地主体构造变形微弱，呈向西缓倾的单斜，环绕盆地边缘有缓波状褶曲，断层稀少，构造简单。东部吕梁山与太行山之间以山西隆起为主体的石炭纪—二叠纪含煤区变形略强，以轴向北东和北北东的宽缓波状褶皱为主，伴有同褶皱轴向的高角度正断层。太行山以东进入冀、鲁、皖内环伸展变形区，以断块构造为其特征，断层密集，中生代岩浆岩侵入比较广泛，煤的区域岩浆热接触变质规律明显。

(一)焦化用煤聚煤期

华北赋煤区焦化用煤形成的聚煤期包括：石炭纪—二叠纪聚煤期、三叠纪聚煤期和侏罗纪聚煤期。石炭纪—二叠纪聚煤期是华北赋煤区焦化用煤的主要聚煤期，主要为晚古生代的石炭系太原组煤系和二叠系山西组煤系及石盒子组煤系，该区绝大部分焦化用煤都形成于此聚煤期；三叠纪聚煤期焦化用煤分布于陕北三叠纪煤田及河南省南召煤田；侏罗纪聚煤期焦化用煤分布于鄂尔多斯盆地的东胜煤田及贺兰山—桌子山赋煤带的上海庙、桌子山等矿区。

华北赋煤区石炭纪—二叠纪煤炭资源量占全国煤炭资源总量的1/4，但该区焦化用煤资源量却占全国焦化用煤资源总量的4/5。在没有岩浆作用或者岩浆作用很弱的矿区，局部出现肥煤、焦煤等较高煤阶，这样的矿区分布在华北赋煤区的东缘和东南缘，河北开平，山东西南部的新汶、肥城、兖州、济宁、枣庄，江苏徐州，以及安徽淮南和河南平顶山一带。在岩浆作用强度中等的矿区，适当的岩浆热变质作用形成了肥煤、焦煤和瘦煤。最大的焦化用煤保有资源量就在山西的乡宁、西山、霍州、离柳等矿区，占我国当前焦化用煤保有资源量的25.05%。这些地区也是现在的焦化用煤主要生产地区。在华北赋煤区还有一些小的焦化用煤产地，主要有内蒙古西部的乌达、宁夏北部的石嘴山和石炭井、河北西部井陉到峰峰一带。

(二)分布主要矿区/煤田

华北赋煤区焦化用煤保有资源量约为2203.34亿t，占全国保有资源量的82.73%。华北赋煤区焦化用煤资源分布广泛，各省份都有分布，统计主要矿区炼焦用煤的保有资源量为2201.94亿t，其中山西焦化用煤矿区资源量大，分布矿区多，保有资源量达1263.60亿t(作为重点省份介绍)。华北赋煤区除山西外其他省份焦化用煤主要煤矿区资源量如表5-1所示。

表 5-1　华北赋煤区焦化用煤主要煤矿区资源量　　　　（单位：万 t）

省份	煤田/矿区	煤类	保有资源量
山西		1/3JM、FM、JM、QF、SM	12636024.40
河北	平原含煤区	QF	523992.00
	开滦矿区	FM	491570.60
	峰峰矿区	FM、JM	125371.30
	邢台矿区	FM	130248.80
河南	平顶山矿区	1/3JM、JM、FM、SM	1320418.00
	义马矿区	JM、FM、SM	135771.60
	永夏矿区	SM	10580.00
安徽	淮南矿区	QM、1/3JM、JM	1553000.00
	淮北矿区	QM、1/3JM、FM、JM	1379121.80
陕西	吴堡矿区	SM	109537.00
	铜川矿区	SM	145394.20
	韩城矿区	SM	633718.60
	澄合矿区	SM	280616.80
	蒲白矿区	SM	69885.10
宁夏	韦州矿区	FM、1/3JM	127931.10
内蒙古西部	乌海矿区	FM、1/3JM	420000.00
江苏	丰沛矿区	FM	19722.80
山东	济宁煤田	QM、1/3JM、JM	685167.20
	巨野煤田	QM、1/3JM、JM	799871.10
	黄河北煤田	QM、FM	421463.90
合计			22019406.30

注：基础数据来源于全国新一轮煤炭资源潜力评价；1/3JM 表示 1/3 焦煤；JM 表示焦煤；FM 表示肥煤；QF 表示气肥煤；SM 表示瘦煤。

河北的焦化用煤主要煤矿区有平原含煤区及开滦、峰峰和邢台矿区，平原含煤区以气肥煤和焦煤为主，开滦和邢台矿区以肥煤为主，峰峰矿区因受火成岩影响肥煤、焦煤到瘦煤资源均有。

河南的焦化用煤主要煤矿区为平顶山、义马和永夏矿区，平顶山矿区以 1/3 焦煤和瘦煤为主，是中南地区的主要焦化用煤基地，义马矿区以瘦煤和焦煤为主，永夏矿区以瘦煤为主。

内蒙古西部焦化用煤为石炭纪—二叠纪煤层，乌海矿区以肥煤为主，其次为 1/3 焦煤和焦煤。

山东焦化用煤主要为 1/3 焦煤、肥煤和焦煤，济宁和巨野煤田主要为 1/3 焦煤和焦煤，肥煤主要分布于黄河北煤田。宁夏焦化用煤煤类主要为 1/3 焦煤、肥煤，主要分布于韦州矿区。安徽的淮南矿区以 1/3 焦煤为主，淮北矿区以肥煤为主。陕西焦化用煤煤类主要为瘦煤，主要分布于吴堡、铜川、韩城、澄合、蒲白矿区。

（三）重点省份——山西

山西是中国重要的焦化用煤基地，石炭纪—二叠纪聚煤期是山西焦化用煤的聚煤期，主要煤系为石炭系太原组煤系和二叠系山西组煤系。从不可替代性和高质量要求看，山西的焦化用煤最为重要，特别是肥煤和焦煤。山西主要的焦化用煤产地如西山矿区、河东煤田离柳和乡宁矿区中低灰、特低硫的优质焦化用煤和肥煤均闻名于世，此外汾西矿区、霍州矿区、霍东矿区、河保偏矿区也有丰富的焦化用煤资源。根据《全国矿产资源规划（2016—2020 年）》批复的国家煤炭规划矿区，山西共有 18 个规划矿区，其中 17 个焦化用煤矿区的焦化用煤保有资源量 1263.58 亿 t，其中一级焦化用煤保有资源量 643.48 亿 t，二级焦化用煤保有资源量 620.10 亿 t（表 5-2），占全国焦化用煤总量的 46.87%。山西焦化用煤资源分布广泛，分布规律明显，变质程度具有北部低南部高的规律。

表 5-2　山西煤矿区焦化用煤保有资源量表　　　（单位：亿 t）

矿区名称	焦化用煤保有资源量		
	一级	二级	合计
大同矿区	155.41	46.42	201.83
东山矿区	2.95	6.88	9.83
阳泉矿区	0.07	0.20	0.27
晋城矿区	0.03		0.03
平朔矿区	38.07	30.05	68.12
霍东矿区	47.53	43.87	91.40
石隰矿区	3.49	1.24	4.73
汾西矿区	29.15	28.91	58.06
西山矿区	65.56	65.80	131.36
离柳矿区	62.38	121.09	183.47
河保偏矿区	30.87	72.03	102.90
乡宁矿区	62.27	24.71	86.98
武夏矿区	13.19	17.48	30.67
潞安矿区	4.23	4.58	8.81
轩岗矿区	41.97	80.83	122.80
岚县矿区	17.41	26.12	43.53
霍州矿区	68.90	49.89	118.79

注：基础数据来源于全国新一轮煤炭资源潜力评价。

1. 分布矿区

山西焦化用煤分布的矿区有：霍州、大同、平朔、霍东、汾西、西山、离柳、河保偏、乡宁、武夏、轩岗、岚县、东山、潞安等矿区。据统计山西焦化用煤保有资源量超过 100 亿 t 的矿区有大同、离柳、西山、轩岗、霍州和河保偏矿区六大矿区，六个矿区焦化用煤保有资源总量为 861.15 亿 t，占山西焦化用煤保有资源总量的 68.15%，占全国焦化用煤保有资源总量的 31.94%。大同矿区焦化用煤保有资源量最多，约 201.83 亿 t，占山西焦化用煤保有资源总量的 15.97%。山西煤矿区焦化用煤保有资源量如表 5-2 所示。

2. 煤类

山西焦化用煤煤类齐全，除气肥煤外，其余煤类保有资源量都占全国该煤类的 50% 左右，是我国焦化用煤资源的重要省份(图 5-2，表 5-3)。

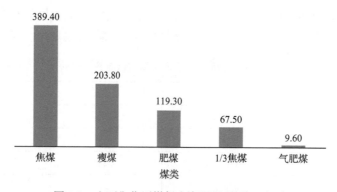

图 5-2　山西焦化用煤保有资源量(单位：亿 t)

焦煤保有资源量主要分布于西山、汾西、离柳、霍东和乡宁矿区，这五大矿区焦煤保有资源量约占山西焦煤保有资源量的 84.31%。瘦煤保有资源量主要分布于乡宁、西山和汾西矿区，这三个矿区瘦煤保有资源量占山西瘦煤保有资源量的 68.94%。肥煤保有资源量主要分布于汾西、霍州和离柳矿区，这三个矿区肥煤保有资源量占山西肥煤保有资源量的 84.24%。山西 1/3 焦煤保有资源量主要分布于离柳、大同、岚县和霍州矿区，这四个矿区 1/3 焦煤保有资源量约占山西 1/3 焦煤保有资源量的 86.96%。山西气肥煤保有资源量主要分布于霍州矿区。

3. 勘查程度

山西是我国重要的焦化用煤分布省份，对山西焦化用煤的勘查程度进行统计能有效地掌握山西焦化用煤勘查开发现状，为焦化用煤的合理规划开发利用提供依据。山西焦化用煤不同勘查程度保有资源量统计见表 5-4。

焦煤保有资源量当中生产矿井的保有资源量达到 60.12%，勘探程度的保有资源量达到 4.47%，其余勘查程度的保有资源量都为 10% 左右。在焦煤主要矿区离柳、霍东和西山矿区焦煤资源生产矿井的保有资源量所占比例也分别为 64.00%，57.00% 和 62.00%。

表 5-3 山西煤矿区煤类保有资源量表

（单位：亿t）

矿区	保有资源储量 长焰煤	不黏煤	弱黏煤	1/2中黏煤	气煤	气肥煤	1/3焦煤	肥煤	焦煤	瘦煤	贫瘦煤	贫煤	无烟煤	合计
大同矿区	38.80	1.50	92.40	14.60	190.90		11.10							349.30
平朔矿区	30.30				100.40									130.70
朔南矿区	149.60													149.60
轩岗矿区					110.70	0.50	8.80		2.70					122.70
河保偏矿区	26.10		1.30		171.50									198.90
岚县矿区					27.60	0.10	11.40	2.90	1.50					43.50
西山矿区								10.10	68.20	44.60	8.40	67.00	9.10	207.40
东山矿区									7.80	2.90	1.10	7.90		19.70
汾西矿区			1.40		0.10			25.90	60.90	29.80	1.30	20.80		140.20
霍州矿区					17.60	9.00	11.20	50.90	25.60	4.10	0.40			118.80
离柳矿区		7.10			64.80		25.00	23.70	70.10					190.70
乡宁矿区								3.20	55.60	66.10	5.60	22.90		153.40
霍东矿区								0.20	73.50	17.70	9.00	22.00	11.40	133.80
石隰矿区								2.40	4.10					6.50
晋城矿区												25.80	359.10	384.90
潞安矿区										8.80	0.40	82.90	65.50	157.60
阳泉矿区									6.80	11.70	0.40	67.50	191.00	277.40
武夏矿区									12.60	18.10		98.00	16.40	145.10
合计	244.80	8.60	95.10	14.60	683.60	9.60	67.50	119.30	389.40	203.80	26.60	414.80	652.50	2930.20

表 5-4　山西焦化用煤不同勘查程度保有资源量　　　（单位：万 t）

煤类	生产矿井	勘探	详查	普查	预查	合计
1/3JM	75083.00	137240.00	235846.00	24648.70		472817.70
FM	699457.70	52942.00	266109.50	31430.80	113871.00	1163811.00
JM	1430391.40	106408.60	305034.00	265604.70	271706.30	2379145.00
SM	959606.30	72063.00	290028.40	310049.40	426026.00	2057773.10
QF	10972.80	13601.00	25555.00	39863.00		89991.80
合计	3175511.20	382254.60	1122572.90	671596.60	811603.30	6163538.60

注：基础数据来源于全国新一轮煤炭资源潜力评价；1/3JM 表示 1/3 焦煤；FM 表示肥煤；JM 表示焦煤；SM 表示瘦煤；QF 表示气肥煤。

瘦煤保有资源量当中生产矿井的保有资源量达到 46.63%，预查的保有资源量达到 20.70%，普查的保有资源量达到 15.07%，详查的保有资源量达到 14.09%，勘探的保有资源量达到 3.50%。在瘦煤主要矿区乡宁、霍州和西山中瘦煤资源生产矿井的保有资源量所占比例达到 40%～50%。

肥煤保有资源量当中生产矿井的保有资源量达到 60.10%，详查的保有资源量达到 22.87%，预查的保有资源量达到 9.78%，勘探的保有资源量达到 4.55%，普查的保有资源量达到 2.70%。霍州矿区肥煤资源以生产矿井和详查为主，分别占 64% 和 22%，离柳矿区肥煤资源以生产矿井和详查为主，分别占 45% 和 38%，乡宁矿区肥煤资源预查的保有资源量达到 68%，生产矿井占 29%。

1/3 焦煤保有资源量当中以详查和勘探保有资源量为主，分别占 49.88% 和 29.03%，生产矿井的保有资源量占 15.88%，普查的保有资源量达到 5.21%。大同矿区 1/3 焦煤都为详查和勘探保有资源量，分别占山西 1/3 焦煤保有资源量的 56.00% 和 44.00%。霍州矿区 1/3 焦煤保有资源量以详查为主，占 78.00%，其次为普查，占 13.00%。

气肥煤主要为普查和详查保有资源量，分别占 44.30% 和 28.40%。

山西焦化用煤生产矿井占有率达到 51.5%，目前急切需要对山西正在开采利用的焦化用煤进行合理有效的规划，防止山西焦化用煤资源的不合理利用导致资源快速枯竭（图 5-3）。

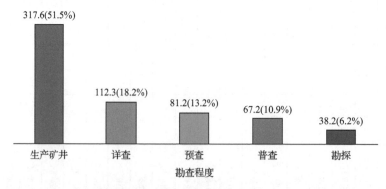

图 5-3　山西焦化用煤不同勘查程度资源量及百分比（单位：亿 t）

二、东北赋煤区

东北赋煤区南部大致以北票至沈阳一线与华北赋煤区相邻，东、北、西界为国界，包括黑龙江、吉林、辽宁三省，内蒙古的东部和中部以及河北张家口承德以北地区面积154.50万 km^2，含煤面积7.03万 km^2，是我国重要的煤炭基地之一(图5-1)。抚顺、阜新、鹤岗、鸡西等一批老矿区，开发时间很早，开采强度大，不少已经衰老，矿区周围的后备资源有限。

该区含煤地层有下侏罗统、中侏罗统、下白垩统及古近系。其中，下白垩统为该区最重要的含煤层位，主要分布于内蒙古和该区东北部。该类聚煤盆地数目多、分布广，盆地中常有厚到巨厚煤层赋存，煤层埋藏浅，储量大，适宜露天开采。下、中侏罗统煤系主要分布于该区的西南部，如辽宁的北票、内蒙古的锡林浩特。古近系煤系主要分布于辽宁(如抚顺、沈北、下辽河)、吉林(如敦化、梅河口、伊通、舒兰)、黑龙江(如虎林、密山)三省。

该区聚煤作用的特点是：除黑龙江东北部有一部分晚侏罗世—早白垩世的海陆交互相沉积外，其余均为陆相沉积；聚煤古地理类型绝大多数为内陆山间盆地，局部地区有滨海山前盆地。为断陷性质聚煤盆地，其受盆缘主干断裂控制呈北东至北北东向展布，盆内岩性、岩相、富煤带等也往往呈北东或北北东向的带状展布；煤层层数多、厚度大且较稳定，但结构复杂；煤系与火山碎屑岩、含油页岩沉积关系密切。

(一)焦化用煤聚煤期

东北赋煤区焦化用煤主要分布在大兴安岭以东，并且呈现"北多南少、东多西少"的格局。北部主要分布于黑龙江东部的鸡西、双鸭山、鹤岗、七台河等煤田，为早白垩世早期沉积，含煤地层主要是城子河组下段，其次是珠山组和穆棱组。南部主要分布于吉林浑江矿区、松湾矿区，为侏罗纪的焦化用煤，辽宁沈阳矿区为石炭纪—二叠纪的焦化用煤。

东北赋煤区深成变质作用很弱，只是煤转变成为长焰煤，少数还属褐煤。岩浆作用也很弱，大多数煤田没有发生过岩浆热变质作用，至今保存了长焰煤与褐煤。焦化用煤是在岩浆热变质作用下由煤转变而成。

(二)分布主要矿区/煤田

东北赋煤区的焦化用煤保有资源量较少，据收集资料统计，保有资源量约217.44亿t(表5-5)，占全国保有资源量的8.07%。在地域分布上，主要分布于黑龙江，吉林、辽宁资源量很少。黑龙江为我国焦煤和配焦用煤的重要基地之一。焦化用煤主要分布于三江盆地的鸡西、双鸭山、鹤岗及中西部和七台河矿区，各矿区以焦煤为主，其次为瘦煤和肥煤。辽宁沈阳矿区主要为肥煤、焦煤、瘦煤。吉林焦化用煤主要分布于浑江矿区、松湾矿区，浑江矿区煤类为瘦煤和焦煤，松湾矿区主要为气肥煤。

表 5-5　东北赋煤区焦化用煤分布主要煤田/矿区　　　　　　　（单位：万 t）

省（自治区）	煤田/矿区	煤类	保有资源量
黑龙江	鸡西矿区	1/3JM、JM、FM、SM	350656.5
	双鸭山矿区	QF、1/3JM、JM、FM、SM	210232.8
	鹤岗及中西部矿区	QF、1/3JM、JM	203742.0
	七台河矿区	FM、QF、1/3JM、JM	1292279.3
吉林	浑江矿区	SM、JM	24828.6
	松湾矿区	QF、FM	23663.6
辽宁	沈阳矿区	未分类	69044.0
合计			2174446.8

注：基础数据来源于全国新一轮煤炭资源潜力评价；1/3JM 表示 1/3 焦煤；JM 表示焦煤；FM 表示肥煤；SM 表示瘦煤；QF 表示气肥煤。

（三）煤类

东北赋煤区的焦煤主要分布于鸡西、浑江和七台河矿区，肥煤主要分布于七台河矿区，瘦煤主要分布于双鸭山、鸡西和浑江矿区，气肥煤主要分布于松湾矿区。

三、西北赋煤区

西北赋煤区东以贺兰山、六盘山为界与华北赋煤区毗邻，西南以昆仑山、可可西里山为界与滇藏赋煤区相邻，东南以秦岭为界与华南聚煤区相连，面积 275.80 万 km^2（图 5-4）。西北赋煤区地域辽阔，煤炭资源丰富，开发条件好，处于待开发阶段，是我国煤炭工业战略接替区，也是我国最重要的赋煤区。但是，这些地区主要是高山、沙漠、常年冰冻和黄土覆盖区，自然条件十分恶劣，由于经济技术条件和自然条件的限制，勘探程度较低。

区内有石炭纪—二叠纪、晚三叠世、早-中侏罗世、早白垩世各地质时代含煤地层，其中以早-中侏罗世为主。早-中侏罗世西山窑组、八道湾组在新疆天山准噶尔、塔里木、吐鲁番哈密、三塘湖、焉耆、伊犁等大型含煤盆地广泛发育；北祁连走廊及中祁连山以早侏罗世热水组及中侏罗世木里组、江仓组为主要含煤地层；柴达木盆地北缘以中侏罗世大煤沟组含煤性较好。

西北赋煤区位于塔里木地台、天山兴蒙褶皱系北部褶皱带和准噶尔地块以及秦—祁—昆褶皱系、祁连山褶皱区等构造单元中。该区以早-中侏罗世特大型聚煤盆地为主，如准噶尔、吐鲁番哈密、塔里木等，其含煤地层及煤层沉积稳定，煤炭资源丰富。受后期构造运动的改造，盆地周缘构造较复杂，断裂发育，地层倾角较大，盆地内部为宽缓的褶曲构造，倾角变缓。祁连褶皱区断陷含煤盆地后期改造剧烈，周边断裂发育，褶皱构造复杂，致使含煤区、煤产地分布零散，规模也较小。

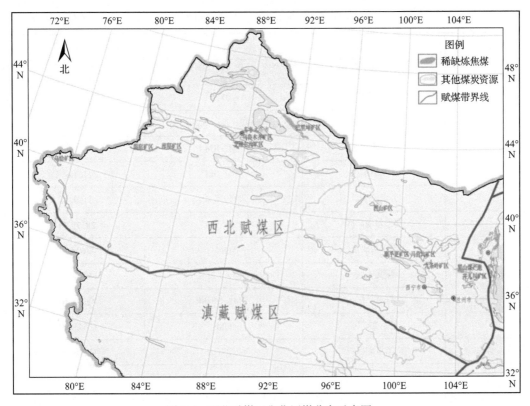

图 5-4　西北赋煤区焦化用煤分布示意图

(一)焦化用煤聚煤期

该区主要聚集有侏罗纪的煤,侏罗纪是聚煤量最多的地质时代。焦化用煤成煤时代主要为石炭纪—二叠纪和侏罗纪。深成变质作用只将煤阶提到长焰煤。少数煤田的局部地段因遭受岩浆热变质作用,形成少量焦化用煤。这样的地点不少,但是规模小,焦化用煤资源量少,如青海的木里,新疆的乌鲁木齐、阜康、伊犁、尤尔都斯、三塘湖、乌恰、塔里木盆地北缘等,以及甘肃的靖远和天祝。

(二)分布主要矿区/煤田

西北赋煤区焦化用煤分布较广,但总体资源较少,据统计保有资源量约 72.05 亿 t,占全国保有资源量的 2.67%。甘肃焦化用煤既有石炭纪—二叠纪煤层,也有侏罗纪煤层,主要分布于东水泉、平坡、井儿川、马营沟、冰草湾和九条岭矿区。新疆焦化用煤都形成于侏罗纪,主要分布矿区有艾维尔沟、塔什店、阿艾、拜城和尼勒克矿区,艾维尔沟矿区以肥煤和焦煤为主,塔什店矿区以气煤为主,阿艾和拜城矿区为气煤和 1/3 焦煤,尼勒克矿区为气煤。青海的焦化用煤都形成于侏罗纪,且主要分布在木里矿区,煤类为焦煤。西北赋煤区焦化用煤分布主要煤田/矿区见表 5-6。

表 5-6　西北赋煤区焦化用煤分布　　　　　　　　　　（单位：万 t）

省（自治区）	煤田/矿区	煤类	保有资源量
甘肃	东水泉矿区	FM	26987.50
	平坡矿区	JM	6293.30
	井儿川矿区	QF、JM、SM	4289.70
	马营沟矿区	JM、SM	3379.30
	冰草湾矿区	JM、SM	2761.60
	九条岭矿区	JM、SM	1179.80
新疆	艾维尔沟矿区	FM、JM	28579.70
	塔什店矿区	QM	42633.80
	阿艾矿区	QM、1/3JM	132743.20
	拜城矿区	QM、1/3JM	41255.10
	尼勒克矿区	QM	116456.50
青海	木里矿区	JM	313903.50
合计			720463.0

注：基础数据来源于全国新一轮煤炭资源潜力评价；JM 表示焦煤；FM 表示肥煤；SM 表示瘦煤；QF 表示气肥煤；QM 表示气煤。

（三）煤类

西北赋煤区的焦化用煤以焦煤为主，保有资源量达 34.51 亿 t，占整个西北赋煤区焦化用煤保有资源量的 47.90%。青海木里矿区的焦煤保有资源量达 31.39 亿 t，占整个西北赋煤区焦煤保有资源量的 90.96%。

四、华南赋煤区

华南赋煤区北界为秦岭—大别山一线，西至龙门山—大雪山—哀牢山，南东临东海、巴士海峡、南海及北部湾（图 5-5），包括贵州、广西、广东、海南、湖南、江西、浙江、福建等省份的全部，云南、四川、湖北的大部，以及江苏、安徽两省南部。区内煤炭资源分布很不均衡，西部资源赋存地质条件较好，东部资源赋存地质条件差，地域分布零散，煤炭资源匮乏，不同地质时代的含煤面积合计 11.13 万 km²。

区内有早石炭世、早二叠世、晚二叠世、晚三叠世、早侏罗世、晚侏罗世、古近纪和新近纪各期的含煤地层。晚二叠世龙潭组、吴家坪组、宣威组的分布遍及全区，大部分含可采煤层，以贵州六盘水、四川筠连、赣中、湘中南及粤北一带为煤层富集区。晚三叠世含煤地层以四川、云南的须家河组，湘东赣中的安源组含煤性较好。早、晚侏罗世含煤地层零星分布，含煤性差，多为薄层煤或煤线。古近纪和新近纪含煤地层主要分布于云南、广西、广东、海南、台湾及闽浙等地。其中滇东的昭通组、小龙潭组为主要含煤地层，含巨厚褐煤层；台湾含煤地层为古近纪木山组、新近纪石底组及南庄组，以石底组含煤性稍好，其他均差。

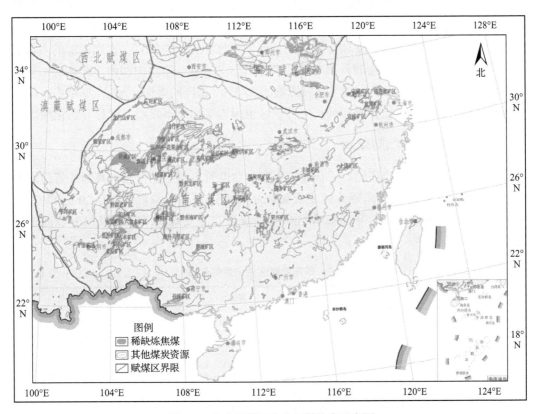

图 5-5　华南赋煤区焦化用煤分布示意图

华南赋煤区处于特提斯构造域与环太平洋构造域的交汇部位，跨扬子地台和华南褶皱系。扬子地台煤系变形具有近似同心环带结构的基本特点。上扬子四川盆地变质基底发育完整，构成扬子地台盖层变形分带的稳定核心，川中地区以宽缓的穹窿构造、短轴状褶皱变形和稀疏断层为特征。由此向周边，煤系变形强度递增，沿反时针方向，分别由扬子地台北缘逆冲带、川西龙门山逆冲带、滇东压扭褶皱带和雪峰山褶皱逆冲推覆带组成。华南褶皱系的基底为前泥盆纪浅变质岩系，其活动性大于扬子地台，盖层变形十分复杂，煤田推覆和滑覆构造全面发育。就整个华南赋煤区而言，构造变形强度和岩浆活动强度均有由板内向板缘递增的趋势，煤田构造格局明显受区域性隆起和拗陷控制。由东南沿海中生代闽浙火山岩带向西北扬子地台，一系列北东—北北东向大型隆起和拗陷相间排列，煤系保存在基底隆起之间的拗陷之中，逆冲推覆与滑覆由隆起指向拗陷，北东—北北东向展布的条带状变形分区规律性明显。

（一）焦化用煤聚煤期

华南赋煤区内焦化用煤主要分布在石炭纪—二叠纪煤层，主要为龙潭组，其次为晚三叠世煤层，三叠纪末发生的深成变质作用也使全区的煤转变为气煤、气肥煤和 1/3 焦煤。与华北不同的是，华南发生过的岩浆活动比较多，大多数煤都受到较强的岩浆变质作用，成为无烟煤。岩浆热变质作用适当，成为焦化用煤产地的有：贵州西部的六枝、盘州和水城，以及与之相连的云南东部的来宾到恩洪一带，这是中国南方最大的焦化用煤产地，其资源量占全国焦化用煤总资源量的 7.41%；重庆的南桐、天府、中梁山一带；湖南的涟邵，江西的丰城，浙江的长广等矿区也因岩浆作用不强烈，赋存有焦化用煤。

（二）分布主要矿区/煤田

华南区焦化用煤分布广泛，除福建、海南和台湾暂未收集到资料，其余各省份均有焦化用煤分布。据统计华南赋煤区主要焦化用煤矿区保有资源量约 195.20 亿 t，占全国保有资源总量的 7.24%。华南赋煤区焦化用煤分布主要煤田（矿区）及保有资源量见表 5-7。

表 5-7 华南赋煤区焦化用煤分布　　　　　　　　　　　　（单位：万 t）

省份	煤田（矿区）	煤类	保有资源量
贵州	发耳矿区	SM	119493.00
	水城矿区	JM	201768.00
	盘江矿区	QM、FM、JM、SM	672409.00
	六枝黑塘矿区	FM、JM、SM	134955.00
	黔北桐梓矿区	JM	11069.00
云南	恩洪矿区	JM	477109.00
	庆云矿区	QM	37589.00
	镇雄矿区	未分	94891.00
重庆	观音峡矿区	QF、1/3JM、FM、JM、SM	59026.00
	南桐矿区	1/3JM、FM、JM、SM	31535.00
	沥鼻峡花果山矿区	QF、1/3JM、FM、JM、SM	18973.00
	新店子矿区	QF、1/3JM、FM、JM、SM	12238.00
	南武矿区	1/3JM、FM、JM、SM	11634.00
湖南	涟邵煤田	FM、JM、SM	26179.30
	郴耒煤田	QF、JM、SM	14151.90
江西	丰城矿区	JM、SM	28999.90
合计			1952020.10

注：基础数据来源于全国新一轮煤炭资源潜力评价；QF 表示气肥煤；1/3JM 表示 1/3 焦煤；FM 表示肥煤；JM 表示焦煤；SM 表示瘦煤。

华南赋煤区焦化用煤的资源量集中分布于贵州、云南和重庆，分布的主要矿区也集中在这三个省份。贵州稀缺炼焦分布的主要矿区有发耳、水城、盘江、六枝黑塘和黔北桐梓矿区；云南焦化用煤分布的主要矿区有恩洪、庆云和镇雄矿区；重庆焦化用煤分布的主要矿区有观音峡、南桐、沥鼻峡花果山、新店子和南武矿区；湖南主要分布于涟邵、郴耒煤田；江西分布于丰城矿区。

（三）煤类

华南赋煤区焦化用煤以焦煤、瘦煤为主。焦煤主要分布于贵州水城、黔北桐梓矿区、云南恩洪矿区和重庆沥鼻峡花果山矿区，这四个矿区焦煤保有资源量占华南赋煤区焦煤保有资源量的 71.92%。瘦煤主要分布于贵州发耳、盘江和六枝黑塘矿区。

五、滇藏赋煤区

滇藏赋煤区北界为昆仑山，东界为龙门山—大雪山—哀牢山一线，包括西藏全区和云南西部，面积约 204.70 万 km^2，不同地质时代的含煤面积共 $5370.00km^2$（图 5-4，图 5-5）。该赋煤区地处青藏高原，地域辽阔，交通困难，地质条件复杂，地质工作程度很低，煤炭资源的普查勘探及开发更少。据已有资料，将有限的煤炭资源分布区划分为扎曲芒康、滇西两个含煤区，以及青海巴颜喀喇山东部、藏北、藏南等若干个零散分布的煤产地。

滇藏赋煤区从石炭纪至新近纪各地质时代的含煤地层均有发育，其中以早石炭世马查拉组、杂多组和晚二叠世妥坝组、乌丽组较为重要，其次为晚三叠世土门组（西藏）、结扎组（青海）、麦初箐组（滇西）以及滇西的新近纪含煤地层。

赋煤区位于滇藏褶皱系藏北三江褶皱区和藏南（喜马拉雅）地块上。受北西南东向深断裂的控制和成煤后期的破坏，多为小型断陷盆地。强烈的新构造运动，使含煤盆地褶皱、断裂极为发育。按区域构造特征，大致可划分为藏北（含青海西南乌丽）、昌都芒康、藏中、滇西 4 个分别以石炭纪、二叠纪、三叠纪、新近纪为主要聚煤时代的含煤盆地（群）区。

该区位于造山带附近的煤系以紧密线形褶皱和断裂变形为主，部分卷入构造混杂岩中，断块内部煤系褶皱和层滑变形强烈，深断裂的控制和成煤后期的破坏多为小型断陷盆地。虽然从晚石炭世到新近纪均有聚煤作用发生，但复杂动荡的构造背景使得有效聚煤期限短，沉积环境不稳定，煤盆地规模小，含煤性与煤层赋存条件极差，开采地质条件复杂。

（一）焦化用煤聚煤期

滇藏赋煤区地处滇藏褶皱系，自晚古生代至古近纪和新近纪均有聚煤作用发生，含煤地层沉积巨厚，但含煤性很差，仅青海南部与藏东的扎曲—昌都—芒康一带的石炭纪煤和晚三叠世煤稍具规模。焦化用煤成煤时代包括晚二叠世、晚三叠世和早白垩世，晚二叠世煤系以瘦煤为主，晚三叠世煤系主要是肥煤、焦煤、瘦煤，早白垩世煤系主要为瘦煤。

（二）分布主要矿区/煤田

滇藏赋煤区焦化用煤保有资源量 613.40 万 t，不足全国焦化用煤保有资源量的 0.01%，分布见表 5-8。

表 5-8　滇藏赋煤区焦化用煤分布　　　　　　　　（单位：万 t）

省份	煤田（矿区）	煤类	保有资源量
西藏	妥坝煤矿区	SM	52.80
	察雅煤矿区	SM	120.10
	穷卡煤矿区	未分类	20.60
	东噶煤点	FM	50.00
	吉松煤矿区	JM	99.40
	门士煤矿区	FM	270.50
合计		FM、JM、SM	613.40

注：基础数据来源于全国新一轮煤炭资源潜力评价；SM 表示瘦煤；FM 表示肥煤；JM 表示焦煤。

滇藏赋煤区焦化用煤类包括肥煤、焦煤和瘦煤，分布于云南西部蛮蚌矿区和芒回煤矿，西藏妥坝、察雅、穷卡、吉松、门士煤矿区和东噶煤点。

第二节　焦化用煤煤质特征

焦化用煤主要指标是水分、灰分、挥发分、硫分、显微组分以及黏结性等。煤中水分的稳定性对煤在炼焦过程中会产生很大的影响。水分含量增加，由于水分附着在煤粒表面，煤粒间产生水膜，阻碍了煤粒间相对运动，降低了焦炭的堆密度，焦炭强度降低，同时水分含量过高也会延长结焦时间，降低焦炭产量。煤中灰分含量越高，煤的黏结性越差，而煤中硫分进入焦炭中，在高炉炼铁时会使得生铁含硫量增加，质量下降。而煤的黏结性及结焦性是焦化用煤最重要的工艺指标。

一、灰分和硫分分析

（一）灰分分析

中国焦化用煤矿区中，灰分超过 30.00% 的高灰分焦化用煤矿区有来宾和资兴矿区，其煤层 A_d 分别为 33.03% 和 38.56%，A_d 在 25%～30% 的有鸡西、后所、华蓥山和石嘴山等矿区的煤层，灰分较低的矿区有新疆艾维尔沟、山东枣庄和江苏大屯等矿，A_d 分别为 9.20%、11.61% 和 11.70%。其余各矿的煤层原煤 A_d 几乎都在 15%～25%（表 5-9）。

表 5-9　焦化用煤矿区煤质特征（原煤）

矿区	煤质特征					主要煤种
	M_{ad}/%	A_d/%	V_{daf}/%	$S_{t,d}$/%	$Q_{gr,ad}$/(MJ/kg)	
开滦	1.00	18.60	27.39	1.26	33.89	肥煤、焦煤、1/3 焦煤
峰峰	1.08	21.45	24.41	1.82	32.60	焦煤、肥煤、瘦煤
邢台	1.02	19.05	35.44	3.16	30.73	1/3 焦煤
西山	0.65	17.98	21.12	1.15	28.74	焦煤、肥煤、瘦煤
汾西	0.98	15.86	25.58	1.73	29.17	焦煤、肥煤
潞安	1.29	20.02	18.08	0.32	28.03	瘦煤
乌达	0.80	22.49	31.40	2.08	26.29	肥煤、焦煤、1/3 焦煤
鸡西	1.92	27.75	34.70	0.31	24.00	焦煤、1/3 焦煤
鹤岗	1.44	21.57	36.82	0.12	26.30	1/3 焦煤
七台河	1.81	19.29	33.23	0.16	27.93	焦煤、1/3 焦煤
大屯	2.28	11.70	36.64	0.63	29.23	1/3 焦煤
淮北	1.28	19.24	26.59	0.44	27.64	肥煤、焦煤、1/3 焦煤、瘦煤
丰城	1.07	22.21	22.23	1.81	26.89	焦煤、瘦煤
新汶	1.88	23.25	40.68	3.79	25.94	1/3 焦煤、气肥煤
枣庄	2.13	11.61	36.44	1.14	29.45	1/3 焦煤、肥煤
平顶山	1.16	15.25	32.91	0.60	29.45	肥煤、焦煤、1/3 焦煤
涟邵	1.42	20.47	20.24	1.29	26.99	焦煤、1/3 焦煤、瘦煤
资兴	1.68	38.56	28.36	0.69	20.56	焦煤
南桐	0.95	17.72	23.99	3.78	28.66	焦煤、肥煤、瘦煤
华蓥山	1.09	26.36	23.32	4.48	25.60	肥煤、瘦煤
达竹	1.49	23.29	33.39	0.59	26.19	1/3 焦煤
羊场	1.33	22.40	27.68	0.13	26.79	焦煤、1/3 焦煤
来宾	0.93	33.03	27.46	0.41	22.61	焦煤、1/3 焦煤
后所	1.72	26.92	38.19	0.48	25.03	1/3 焦煤
田坝	0.93	20.86	27.73	0.14	26.96	焦煤
石嘴山	1.08	26.91	36.58	1.94	23.81	1/3 焦煤
石炭井	1.04	21.99	20.58	0.93	26.57	焦煤、肥煤、瘦煤
艾维尔沟	0.45	9.20	26.11	0.41	32.73	焦煤、肥煤

注：数值为平均值。

(二)硫分分析

煤层的原煤硫分在各矿区煤层之间的差异较大，平均硫分低于 0.20% 的矿区有鹤岗、羊场、田坝、七台河等，硫分为 0.20%～0.40% 的矿区有鸡西、潞安等，而焦化用煤中硫分大于 3.00% 的矿区分布在四川的华蓥山、南桐矿区，河北的邢台矿区、山东新汶矿区，平均硫分达到 2.00%～3.00% 的还有乌达矿区的煤层。

二、显微组分分析

中国不同焦化用煤类别的煤岩显微组分不同，镜质组含量以肥煤最高，平均达 62.51%，气肥煤最低，还不到 44.00%。这是由于气肥煤多为树皮残植煤，其显微组分中的壳质组含量明显高于其他类别的焦化用煤，平均达 36.00% 以上。惰质组则以还原程度最高的气肥煤最低，平均为 14.52%，而 1/3 焦煤、肥煤、焦煤、瘦煤的惰质组含量差异不大。壳质组含量气肥煤最高，总的趋势是越年轻的煤其壳质组含量也越高（表 5-10）。

表 5-10　中国焦化用煤矿区煤中显微组分　　　　　　　（单位：%）

矿区名称	镜质组	半镜质组	惰质组	壳质组	煤类
峰峰	66.30～90.00 86.90		9.70～34.00 18.60	0.40～1.90 1.30	肥煤、焦煤、瘦煤
乐平	20.80～44.90 41.70	1.30～13.00 4.56	8.00～34.20 18.30	5.30～60.20 40.00	气肥煤
开平	39.20～91.00 71.10	1.80～6.40 4.19	19.10～37.80 28.77	0.00～9.00 2.99	肥煤
乌达	28.30～75.40 52.01	1.60～11.40 5.78	21.30～61.50 39.98	0.00～4.20 2.23	肥煤
七台河	69.40～91.60 83.53	0.30～2.40 1.06	7.60～29.60 15.37	0.00～0.30 0.04	1/3 焦煤、焦煤
鸡西	60.90～84.60 76.00	1.10～9.60 4.38	8.60～33.10 17.92	0.00～4.20 1.70	1/3 焦煤
枣庄	40.10～82.60 58.90	2.40～4.90 3.24	14.90～47.70 31.26	0.00～12.90 6.60	肥煤、1/3 焦煤
淮北	49.10～80.60 68.10	3.30～8.00 6.61	13.60～26.20 19.27	0.20～19.70 6.02	焦煤、1/3 焦煤
长广	13.80～23.90 16.87	0.90～4.90 2.21	6.80～14.80 11.07	67.60～74.40 69.85	气肥煤
平顶山	40.20～88.10 57.49	0.40～5.90 2.39	9.40～49.70 36.62	0.00～8.20 8.53	1/3 焦煤
资兴	46.40～85.70 62.53	2.80～10.70 6.75	11.20～42.00 30.47	0.00～0.90 0.25	焦煤
盘江	39.50～59.60 50.52	2.10～5.10 2.58	30.70～44.80 36.83	4.30～16.60 10.07	肥煤
水城	36.60～58.10 48.35	1.00～4.30 2.42	28.70～53.70 38.24	5.40～16.10 10.98	1/3 焦煤
石炭井	41.90～54.60 46.19	8.20～13.60 10.98	33.60～47.10 41.99	0.00～1.90 0.84	焦煤、瘦煤
艾维尔沟	78.40～96.00 90.93	1.40～16.50 4.80	2.50～6.50 4.27	0.00～0.00 0	肥煤、焦煤

注：表中数据为测值范围/平均值。

中国的焦化用煤矿区中，镜质组含量以形成于侏罗纪时期的各矿区煤最高，如新疆艾维尔沟早-中侏罗世时期形成的焦化用煤的镜质组含量高达 90.00%以上，河北峰峰矿区肥煤、焦煤和瘦煤镜质组含量平均值也高达 86.90%，黑龙江七台河矿区的 1/3 焦煤和焦煤镜质组含量平均值也高达 83.00%以上，晚侏罗世的鸡西 1/3 焦煤的镜质组含量平均值达 76.00%，镜质组含量平均值最低的是晚二叠世时期形成的江西乐平和浙江长广等矿区的树皮残植煤，分别低至 41.70%和 16.87%。镜质组含量平均值居第二位的是开平矿区和淮北等矿的石炭纪、二叠纪焦化用煤，分别为 71.10%和 68.10%。但高硫的乌达石炭纪煤的镜质组含量平均值低至 52.00%左右，而盘江、水城等南方晚二叠世乐平煤系的镜质组含量平均值也较低，分别为 50.52%和 48.35%。惰质组含量则是石炭纪、二叠纪焦化用煤较高，如宁夏石炭井、内蒙古乌达和河南平顶山等矿区煤的惰质组含量平均值分别为 41.99%、39.98%和 36.62%；西南属晚二叠世乐平煤的水城和盘江等矿区，煤中的惰质组含量平均值分别高达 38.24%和 36.83%；黑龙江的侏罗纪煤系，如七台河和鸡西等矿区煤的惰质组含量平均值则分别低至 15.50%以下和 18.00%以下，但惰质组含量平均值最少的是艾维尔沟矿区，还不到 5.00%；属晚二叠世乐平煤系的浙江长广和江西乐平煤中的惰质组含量平均值也分别低至 11.07%和 18.30%。壳质组含量平均值则以长广和乐平煤最高，分别达 69.85%和 40.00%，其次为水城和盘江矿区，也均在 10.00%以上；壳质组含量最低的是艾维尔沟矿区煤，其含量几乎为零，而河北峰峰矿区等 4 矿区煤的壳质组含量平均值也低于 2.00%。

三、煤灰成分和熔融性分析

主要焦化用煤矿区的原煤灰成分和熔融性见表 5-11。

表 5-11　主要焦化用煤煤灰成分和熔融性　　　　　　（单位：%）

矿区	煤灰成分									熔融性		
	SiO_2	Al_2O_3	Fe_2O_3	TiO_2	CaO	MgO	SO_2	K_2O	Na_2O	DT	ST	FT
开滦	44.76	36.52	5.83	1.69	4.92	1.58	2.46	0.38	0.27	1307	1463	1482
峰峰	45.85	33.70	6.90	1.37	5.40	0.93	1.50			1338	1378	1415
井陉	45.61	37.60	4.38	1.07	4.93	1.11	2.86	0.36	0.40	1362	1378	1415
邢台	45.11	34.95	4.30	1.61	5.06	1.08	2.60	0.38	1.60	1307	≥1500	≥1500
西山	49.74	37.25	5.04	1.70	2.58	0.40	0.99	0.42	0.36	>1400	>1500	>1500
汾西	48.11	37.82	5.05	1.38	4.34	0.39	1.24	0.26	0.27	>1400	>1500	>1500
潞安	47.10	36.87	3.48	1.12	4.66	1.70	2.12	0.69	1.35	1368	≥1500	≥1500
乌达	47.54	33.69	10.16	1.40	1.84	1.02	1.66	0.33	0.11	1229	1337	1375
鸡西	63.97	23.87	4.35	1.50	0.68	0.73	0.34	2.64	0.40	1400	≥1400	≥1400
鹤岗	62.77	20.46	4.76	0.79	5.12	0.99	1.22			1291	1411	1451
七台河	65.16	21.85	4.11	0.96	1.78	0.85	0.42	1.96	0.66	1400	≥1400	>1400
徐州	48.40	32.10	6.85	1.40	4.80	1.13	2.36	0.90	0.37	1169	1289	1318
淮北	48.16	34.74	4.69	1.64	4.54	1.16	1.63	1.24	0.47	1391	1402	1422

矿区	煤灰成分									熔融性		
	SiO$_2$	Al$_2$O$_3$	Fe$_2$O$_3$	TiO$_2$	CaO	MgO	SO$_2$	K$_2$O	Na$_2$O	DT	ST	FT
萍乡	57.44	26.10	4.65	1.23	2.83	1.88	1.41	2.91	0.58	1400	>1450	>1480
丰城	49.41	32.20	11.13	1.18	1.65	1.19	0.54	1.42	0.45	1380	>1400	>1450
新汶	50.77	26.41	11.29	2.01	3.35	1.33	2.80	0.54	0.26	1276	1331	1368
枣庄	40.68	29.25	8.64	1.35	10.29	2.11	4.32	0.77	0.52	1282	1325	1351
肥城	51.80	29.00	8.88	1.26	3.65	0.76	2.02	0.28	0.32	1374	1419	1435
兖州	45.52	32.83	6.28	1.32	6.15	1.81	3.05	0.43	0.50	1293	1435	1447
平顶山	53.63	31.82	4.29	1.34	3.28	0.96	1.81	0.61	0.40	>1400	>1400	>1400
涟邵	48.44	30.71	8.92	1.68	3.51	0.87	2.33	1.21	0.55	1184	1304	1369
资兴	61.59	26.86	3.18	1.32	0.99	1.25	0.73	1.57	0.79	1280	1390	1410
南桐	39.24	28.00	19.21	2.10	4.38	0.77	1.85	0.54	0.44	1148	1247	1351
华蓥山	46.87	24.17	18.85	1.37	2.84	0.67	2.39	1.40	0.29	1150	1260	1355
盘江	58.64	24.44	6.13	1.51	4.71	1.06	1.56	0.35	0.15	1275	1350	1395
羊场	61.14	16.42	9.15	1.01	7.01	2.81	1.25	0.30	0.09	1254	1313	1350
来宾	58.58	18.14	12.03	0.99	5.24	1.18	1.63	0.58	0.23	1203	1313	1360
后所	62.10	19.17	5.57	1.24	5.76	1.08	1.93	0.46	0.08	1239	1342	1386
田坝	52.36	26.59	8.38	1.13	6.76	1.50	1.44	0.09	0.42	1245	1299	1319
韩城	43.40	35.51	4.27	1.56	7.01	0.90	4.49	1.09	0.39	1424	1487	1491
石炭井	41.01	31.73	10.26	1.16	8.16	3.52	1.71	0.76	0.58	1380	>1400	>1400
艾维尔沟	25.28	12.61	18.43	0.64	23.43	5.82	9.64	0.54	1.50	1181	1239	1279

注：数值为平均值；DT 表示变形温度；ST 表示软化温度；FT 表示流动温度。

从表 5-11 中看出，华北赋煤区的开滦、峰峰、西山、潞安和乌达等主要焦化用煤矿区的煤灰中 Al$_2$O$_3$ 含量均较高至 33.00%～38.00%，Fe$_2$O$_3$ 含量几乎都低于 10.00%，CaO 含量也大部分在 5.50% 以下，所以焦化用煤矿区的煤灰软化温度 ST 除乌达矿区的低于 1350℃外，其余各矿区的 ST 均大于 1350℃，其中西山、汾西和潞安矿区煤灰的 ST 还大于 1500℃。山东各焦化用煤矿区的煤灰成分差异不大，Al$_2$O$_3$ 均在 26.00%～33.00%，Fe$_2$O$_3$ 含量为 6.00%～12.00%，CaO 含量除枣庄外均在 3.00%～7.00%，所以山东各矿煤灰软化温度 ST 均在 1300℃以上。平顶山矿区煤灰中的 Al$_2$O$_3$ 含量为 31.82%，SiO$_2$ 也高至 53.00% 以上，Fe$_2$O$_3$ 和 CaO 等含量均较低，因而该矿煤层煤灰软化温度 ST 大于 1400℃。

东北赋煤区焦化用煤矿区的煤灰中 SiO$_2$ 含量相对较高，一般都在 50.00%～65.00%，Al$_2$O$_3$ 含量均低于 30.00%，但由于各焦化用煤矿区的灰中 Fe$_2$O$_3$ 和 CaO 含量均较低，因而它们的煤灰软化温度 ST 也均在 1300℃以上。

华南赋煤区各矿区煤层的煤灰成分差异较大，SiO$_2$ 含量最低的为云南南桐矿区，低于 40.00%，最高的为后所（62.10%）。Al_2O_3 含量大部分都在 22.00%～28.00%，徐州矿区焦化用煤 Al_2O_3 含量达 48.40%。Fe_2O_3 的含量随矿区硫分的高低不同而异，如南桐、华蓥山等高硫煤矿区的灰中 Fe_2O_3 的含量在 18.00% 以上，CaO 含量各矿煤层均低于 9.00%，所以华南赋煤区各矿中 Fe_2O_3 含量高的煤灰软化温度 ST 大都低于 1300℃。盘江矿区煤灰中的 SiO_2 为 58.64%，Al_2O_3 含量为 24.44%，煤灰软化温度 ST 大于 1300℃。云南各焦化用煤矿区的煤灰成分差异不大，SiO_2 含量均在 52.00%～62.00%，Al_2O_3 含量变化于 16.00%～26.00%，Fe_2O_3 含量大部分低于 10.00%，煤灰软化温度 ST 几乎都在 1300℃ 以上。

西北赋煤区的韩城和石炭井矿区的灰中 Al_2O_3 含量均高至 30.00% 以上，SiO_2 含量在 40.00% 以上，而艾维尔沟煤灰中的 Al_2O_3 和 SiO_2 含量则分别低至 12.00% 和 25.00% 左右，但该矿区煤层灰中的 Fe_2O_3 和 CaO 含量分别高至 18.43% 和 23.43%，这主要是因为前两个矿区的成煤时代为石炭纪—二叠纪，后者则形成于侏罗纪，因而它们之间的煤灰熔融性也就有明显差异，如韩城矿区煤灰软化温度 ST 达 1487℃，石炭井矿区煤灰软化温度 ST 也大于 1400℃，而艾维尔沟矿区的煤灰软化温度＜1240℃。

第三节　焦化用煤资源量

一、赋煤区焦化用煤

我国焦化用煤在各赋煤区均有资源量分布，截至 2018 年，焦化用煤保有资源量为 2688.09 亿 t，其中华北赋煤区焦化用煤保有资源量为 2203.34 亿 t，占全国焦化用煤保有资源量的 81.97%；东北赋煤区焦化用煤保有资源量为 217.44 亿 t，占全国焦化用煤保有资源量的 8.09%；华南赋煤区焦化用煤保有资源量为 195.20 亿 t，占全国焦化用煤保有资源量的 7.26%；西北赋煤区焦化用煤保有资源量为 72.05 亿 t，占全国焦化用煤保有资源量的 2.68%；滇藏赋煤区焦化用煤保有资源量为 613.40 万 t，占全国焦化用煤保有资源量不足 0.01%（图 5-6，图 5-7）。五大赋煤区焦化用煤类保有资源量见表 5-12。

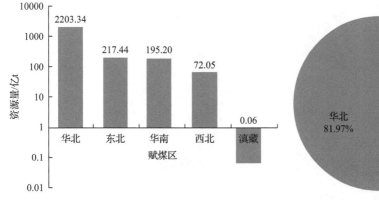

图 5-6　赋煤区焦化用煤资源量

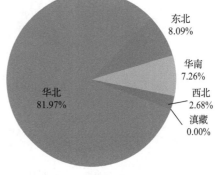

图 5-7　赋煤区焦化用煤占全国百分比

由于四舍五入，数据有误差

表 5-12　五大赋煤区焦化用煤保有资源量统计　　　　　（单位：万 t）

赋煤区	气肥煤	1/3 焦煤	肥煤	焦煤	瘦煤	未分类	合计
华北	1082871.90	1113086.30	1967066.60	5088472.00	3749867.30	916543.20	13917907.30
华南	43823.30	88887.30	382741.10	985715.50	708403.10	220796.40	2430366.70
西北	2528.70	3984.70	30035.10	345056.90	15835.30	36863.50	434304.20
东北	24957.60	89900.00	6856.00	160191.80	20916.80	478144.00	780966.20
滇藏	0.00	0.00	320.50	99.40	172.90	20.60	613.40
合计	1154181.50	1295858.30	2387019.30	6579535.60	4495195.40	1652367.70	17564157.8

　　焦化用煤各煤类在华北、华南、西北、东北赋煤区都有分布，但其资源量在各赋煤区所占比例不同，各赋煤区中焦化用煤都以焦煤资源量所占比例最大（图 5-8）。华北赋煤区焦化用煤各煤类资源量所占比例比较均匀，分别为：焦煤（36.56%）、瘦煤（26.94%）、肥煤（14.13%）、1/3 焦煤（8.00%）、气肥煤（7.78%）。华南赋煤区以焦煤、瘦煤和肥煤为主，焦煤所占比例为 40.56%、瘦煤所占比例为 29.15%、肥煤所占比例为 15.75%、1/3 焦煤所占比例为 3.66%、气肥煤所占比例为 1.80%。东北赋煤区稀缺焦化用煤资源量中

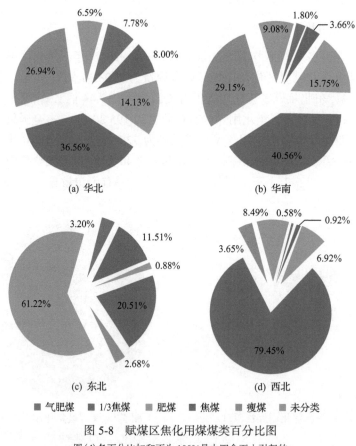

图 5-8　赋煤区焦化用煤煤类百分比图

图（d）各百分比加和不为 100% 是由四舍五入引起的

未分类的煤种占较大比例，达到 61.22%，其余焦煤所占比例为 20.51%、1/3 焦煤所占比例为 11.51%、气肥煤所占比例为 3.20%、瘦煤所占比例为 2.68%、肥煤所占比例为 0.88%。西北赋煤区稀缺焦化用煤资源量中焦煤占较大比例，所占资源量比例达 79.45%，肥煤所占比例为 6.92%、瘦煤所占比例为 3.65%、1/3 焦煤所占比例为 0.92%、气肥煤所占比例为 0.58%。

二、各省份稀缺焦化用煤

焦化用煤在全国范围内，除福建、海南和台湾地区目前没有统计数据，其余各省份均有分布，具体见表 5-13。

表 5-13　稀缺焦化用煤资源量结构表　　　　　　（单位：万 t）

省份	气肥煤	1/3 焦煤	肥煤	焦煤	瘦煤	未分类	合计
山西	96000.00	675000.00	1193000.00	3894000.00	2038000.0		7896000.00
河北	912318.40	77926.40	314936.20	510005.70	20246.00	107028.00	1942460.70
贵州	32808.00	7847.00	330779.00	476008.00	548818.00		1396260.00
河南		48988.10	38642.00	494173.50	440102.00	248490.00	1270395.60
陕西					1239151.70		1239151.70
黑龙江	1650.00	89900.00	6500.00	153510.00	2770.00	409100.00	663430.00
安徽	570.80	144850.90	54468.80	18813.50	148.60	430096.90	648949.50
云南		25957.00	9621.00	326485.00	55262.00	184513.00	601838.00
内蒙古	4243.00	143007.00	257542.00	154914.00	10869.00		570575.00
青海				313903.50			313903.50
山东	69739.70	23313.90	82868.20	11887.90	961.00		188770.70
重庆		16403.00	22943.00	88742.00	44523.00		172611.00
宁夏						127931.10	127931.10
四川	1947.00	36768.00	4179.00	21901.00	16232.00	32620.00	113647.00
辽宁						69044.00	69044.00
新疆	2528.70	3984.70	29641.50	14014.50	10362.40	7281.40	67813.20
湖南	1466.80	1902.70	7930.50	32857.10	14695.40	835.30	59687.80
江西	6711.80	9.60	3514.10	34361.50	9815.90	1536.50	55949.40
甘肃			393.60	17138.90	5472.90	29582.10	52587.50
吉林	23307.60		356.00	6681.80	18146.80		48492.20
江苏			25609.40	4677.40	389.00	2997.20	33673.00
广西			460.50	564.30	11839.90	1291.60	14156.30
湖北			2807.40	3620.30	6963.90		13391.60
广东			506.60	1042.80	187.50		1736.90
浙江	889.70			133.50	65.50		1088.70

续表

省份	气肥煤	1/3 焦煤	肥煤	焦煤	瘦煤	未分类	合计
西藏			320.50	99.40	172.90	20.60	613.40
合计	1154181.50	1295858.30	2387019.30	6579535.60	4495195.40	1652367.70	17564157.8

注：未分类表示表中所列 5 种煤中 2 种以上煤类。

我国稀缺焦化用煤近 80%保有资源量分布于山西、河北、贵州、河南和陕西等省份，其中：山西省焦化用煤资源量最多，约 789.60 亿 t，占全国焦化用煤总量的 44.96%，其次为河北（约 194.25 亿 t，11.06%）、贵州（约 139.63 亿 t，7.95%）、河南（约 127.04 亿 t，7.23%）、陕西（约 123.92 亿 t，7.06%）、黑龙江（约 66.34 亿 t，3.78%）、安徽（约 64.89 亿 t，3.69%）、云南（约 60.18 亿 t，3.43%）、内蒙古（约 57.06 亿 t，3.25%）、青海（约 31.39 亿 t，1.79%）、山东（约 18.88 亿 t，1.07%）、重庆（约 17.26 亿 t，0.98%），其他省市（约 65.98 亿 t，3.76%）（图 5-9，图 5-10）。

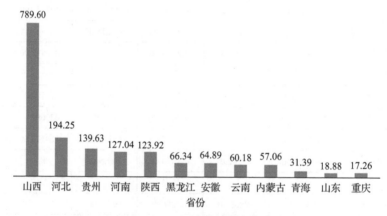

图 5-9　部分省份焦化用煤保有资源量（单位：亿 t）

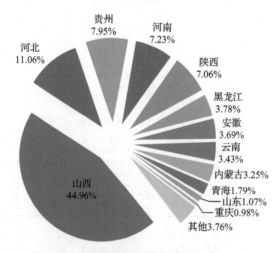

图 5-10　全国各省份焦化用煤资源量百分比

图中各百分比加和不为 100%是由四舍五入引起的

山西稀缺焦化用煤以焦煤、瘦煤和肥煤为主，分别占山西焦化用煤总量的 49.32%，25.81%和 15.11%。河北焦化用煤以气肥煤、焦煤和肥煤为主，分别占河北省焦化用煤总量的 46.97%、26.26%和 16.21%。贵州焦化用煤以瘦煤、焦煤和肥煤为主，分别占贵州省焦化用煤总量的 39.31%、34.09%和 23.69%。河南焦化用煤以焦煤和瘦煤为主，分别占河南省焦化用煤总量的 38.90%和 34.64%。

三、稀缺焦化用煤煤类分布

全国稀缺焦化用煤中焦煤保有资源量约 657.95 亿 t，占稀缺焦化用煤保有资源总量的 37.46%；瘦煤保有资源量约 449.52 亿 t，占焦化用煤保有资源总量的 25.59%；肥煤保有资源量约 238.70 亿 t，占焦化用煤保有资源总量的 13.59%；未分类的保有资源量约 165.24 亿 t，占焦化用煤保有资源总量的 9.41%；1/3 焦煤保有资源量约 129.59 亿 t，占焦化用煤保有资源总量的 7.39%；气肥煤保有资源量约 115.42 亿 t，占焦化用煤保有资源总量的 6.57%。全国焦化用煤分布广泛，但保有资源量集中在少数的炼焦矿区，各稀缺焦化用煤类 80%左右的保有资源量也是集中于少数矿区(图 5-11，图 5-12)。

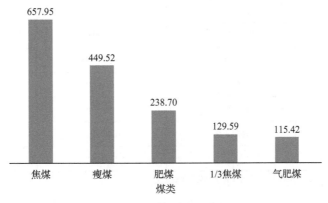

图 5-11　全国稀缺焦化用煤类保有资源量(单位：亿 t)

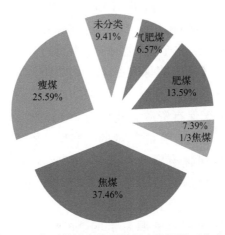

图 5-12　全国稀缺焦化用煤保有资源量百分比图

101

（一）焦煤

全国焦煤保有资源总量约 657.95 亿 t，山西焦煤保有资源量达 389.40 亿 t，占全国焦煤保有资源总量的 59.18%，其次为河北（约 51.00 亿 t，占比 7.75%）、河南（约 49.42 亿 t，占比 7.51%）、贵州（约 47.60 亿 t，占比 7.23%）、云南（约 32.65 亿 t，占比 4.96%）、青海（约 31.39 亿 t，占比 4.77%）。全国焦煤资源主要分布矿区/煤田见表 5-14。

表 5-14　全国焦煤资源主要分布矿区/煤田

省份	矿区/煤田	保有资源量/万 t	比例/%
山西	霍东矿区	735000.00	11.17
	离柳矿区	701000.00	10.65
	西山古交矿区	682000.00	10.37
	汾西矿区	609000.00	9.26
	乡宁矿区	556000.00	8.45
	霍州矿区	256000.00	3.89
河北	平原含煤区	482500.00	7.33
青海	木里煤田	313903.46	4.77
河南	平顶山煤田	366741.00	5.57
云南	恩洪矿区	172307.00	2.62
黑龙江	鸡西矿区	104860.00	1.59
合计		4979311.50	75.68

注：比例为矿区/煤田焦煤保有资源量占全国焦煤保有资源量比例。

全国 75.68% 的焦煤资源量分布于山西霍东、离柳、西山古交、汾西、乡宁、霍州矿区，河北平原含煤区，青海木里煤田，河南平顶山煤田，云南恩洪矿区，黑龙江省鸡西矿区。霍东矿区焦煤保有资源量达 735000.00 万 t，占全国焦煤保有资源总量的 11.17%；离柳矿区焦煤保有资源量达 701000.00 万 t，占全国焦煤保有资源量的 10.65%；西山古交矿区焦煤保有资源量达 682000.00 万 t，占全国焦煤保有资源总量的 10.37%；汾西矿区焦煤保有资源量达 609000.00 万 t，占全国焦煤保有资源总量的 9.26%；乡宁矿区焦煤保有资源量达 556000.00 万 t，占全国焦煤保有资源总量的 8.45%；平原含煤区焦煤保有资源量达 482500.00 万 t，占全国焦煤保有资源总量的 7.33%；平顶山煤田焦煤保有资源量达 366741.00 万 t，占全国焦煤保有资源总量的 5.57%；木里煤田焦煤保有资源量达 313903.46 万 t，占全国焦煤保有资源总量的 4.77%；霍州矿区焦煤保有资源量达 256000.00 万 t，占全国焦煤保有资源总量的 3.89%；恩洪矿区焦煤保有资源量达 172307.00 万 t，占全国焦煤保有资源总量的 2.62%；鸡西矿区焦煤保有资源量达 104860.00 万 t，占全国焦煤保有资源总量的 1.59%。

（二）瘦煤

全国瘦煤保有资源总量约 449.52 亿 t，山西瘦煤保有资源量达 203.80 亿 t，占全国瘦煤保有资源总量的 45.33%，其次为陕西（约 123.92 亿 t，占全国瘦煤保有资源总量的 27.57%）、贵州省（约 54.88 亿 t，占全国瘦煤保有资源总量的 12.21%）、河南省（约 44.01 亿 t，占全国瘦煤保有资源总量的 9.79%）。

全国 73.67% 瘦煤资源量分布于山西乡宁、西山古交、汾西、武夏、霍东和阳泉矿区，河南省平顶山、禹州煤田，陕西韩城、澄合和铜川矿区。乡宁矿区瘦煤保有资源量达 661365.20 万 t，占全国瘦煤保有资源量的 14.71%；韩城矿区瘦煤保有资源量达 633718.60 万 t，占全国瘦煤保有资源总量的 14.10%；西山古交矿区瘦煤保有资源量达 446422.50 万 t，占全国瘦煤保有资源总量的 9.93%；汾西矿区瘦煤保有资源量达 298000.00 万 t，占全国瘦煤保有资源总量的 6.63%；澄合矿区瘦煤保有资源量达 280616.80 万 t，占全国瘦煤保有资源总量的 6.24%；平顶山矿区瘦煤保有资源量达 190400.00 万 t，占全国瘦煤保有资源总量的 4.24%；武夏矿区瘦煤保有资源量达 181000.00 万 t，占全国瘦煤保有资源总量的 4.03%；禹州煤田瘦煤保有资源量达 180746.00 万 t，占全国瘦煤保有资源总量的 4.02%；霍东矿区瘦煤保有资源量达 177000.00 万 t，占全国瘦煤保有资源总量的 3.94%；铜川矿区瘦煤保有资源量达 145394.20 万 t，占全国瘦煤保有资源总量的 3.23%；阳泉矿区瘦煤保有资源量达 117000.00 万 t，占全国瘦煤保有资源总量的 2.60%（表 5-15）。

表 5-15　全国瘦煤资源分布主要矿区/煤田

省份	矿区/煤田	保有资源量/万 t	比例/%
山西	乡宁矿区	661365.20	14.71
	西山古交矿区	446422.50	9.93
	汾西矿区	298000.00	6.63
	武夏矿区	181000.00	4.03
	霍东矿区	177000.00	3.94
	阳泉矿区	117000.00	2.60
河南	平顶山矿区	190400.00	4.24
	禹州煤田	180746.00	4.02
陕西	韩城矿区	633718.60	14.10
	澄合矿区	280616.80	6.24
	铜川矿区	145394.20	3.23
合计		3311663.30	73.67

注：比例为矿区/煤田瘦煤保有资源量占全国瘦煤保有资源量比例。

（三）肥煤

全国肥煤保有资源总量约 238.70 亿 t，山西肥煤保有资源量达 119.30 亿 t，占全国肥煤保有资源总量的49.98%,其次为贵州(约33.08亿t,占全国肥煤保有资源量的13.86%)、河北(约31.49亿t,占全国肥煤保有资源量的13.19%)、内蒙古(约25.75亿t,占全国肥煤保有资源量的10.79%)。

全国约60%的肥煤保有资源量主要分布于山西省霍州、汾西、离柳、西山古交矿区,河北开平、峰峰矿区,以及安徽省临涣矿区,其中霍州矿区肥煤保有资源量达509000.00万t,占全国肥煤保有资源总量的21.32%;汾西矿区肥煤保有资源量为259000.00万t,占全国肥煤保有资源总量的10.85%;离柳矿区肥煤保有资源量为237000.00万t,占全国肥煤保有资源总量的9.93%;开平矿区肥煤保有资源量为219708.40万t,占全国肥煤保有资源总量的9.20%;西山古交矿区肥煤保有资源量为101000.00万t,占全国肥煤保有资源总量的4.23%;峰峰矿区肥煤保有资源量为78942.80万t,占全国肥煤保有资源总量的3.31%;临涣矿区肥煤保有资源量为38649.20万t,占全国肥煤保有资源总量的1.62%(表5-16)。

表 5-16　全国肥煤资源分布主要矿区/煤田

省份	矿区/煤田	保有资源量	比例/%
山西	霍州矿区	509000.00	21.32
	汾西矿区	259000.00	10.85
	离柳矿区	237000.00	9.93
	西山古交矿区	101000.00	4.23
河北	开平矿区	219708.40	9.20
	峰峰矿区	78942.80	3.31
安徽	临涣矿区	38649.20	1.62
合计		1443300.40	60.46

注:比例为矿区/煤田肥煤保有资源量占全国肥煤保有资源量比例。

(四)气肥煤

全国气肥煤保有资源总量约115.42亿t,河北气肥煤保有资源量约为91.23亿t,占全国气肥煤保有资源总量的79.04%;山西气肥煤保有资源量约为9.60亿t,占全国气肥煤保有资源总量的8.32%;山东气肥煤保有资源量约为6.97亿t,占全国气肥煤保有资源总量的6.04%。

全国近80%的气肥煤保有资源量主要分布于河北平原含煤区,平原含煤区气肥煤保有资源量达911570.0万t;霍州矿区气肥煤保有资源量为89991.8万t,占全国气肥煤保有资源总量的7.80%;峰峰矿区气肥煤保有资源量为68820.8万t,占全国气肥煤保有资源总量的5.96%;济宁煤田气肥煤保有资源量为34012.7万t,占全国气肥煤保有资源总量的2.95%;吉林松湾矿区气肥煤保有资源量达23307.6万t,占全国气肥煤保有资源总量的2.02%(表5-17)。

表 5-17　气肥煤资源分布主要矿区/煤田

省份	矿区/煤田	保有资源量/万 t	比例/%
河北	平原含煤区	911570.0	78.98
	峰峰矿区	68820.8	5.96
山西	霍州矿区	89991.8	7.80
山东	济宁矿区	34012.7	2.95
吉林	松湾矿区	23307.6	2.02
合计		1127702.9	97.70

注：比例为矿区/煤田气肥煤保有资源量占全国气肥煤保有资源量比例。

（五）1/3 焦煤

全国 1/3 焦煤保有资源总量约 129.59 亿 t，山西 1/3 焦煤保有资源量达 67.5 亿 t 左右，占全国焦煤保有资源总量的 52.09%；其次为安徽（约 14.49 亿 t，11.17%）、内蒙古（约 14.30 亿 t，11.03%）、黑龙江（约 8.99 亿 t，6.94%）、河北（约 7.79 亿 t，6.01%）。

全国 72.78% 的 1/3 焦煤保有资源量主要分布于山西的离柳、静乐岚县、霍州、大同、宁武轩岗矿区，安徽涡阳、宿州矿区，河北邢台、开平矿区，以及河南平顶山矿区。离柳矿区 1/3 焦煤保有资源量达 250000.00 万 t，占全国 1/3 焦煤保有资源量的 19.29%；涡阳矿区 1/3 焦煤保有资源量为 115866.30 万 t，占全国 1/3 焦煤保有资源量的 8.94%；静乐岚县矿区 1/3 焦煤保有资源量为 114000.00 万 t，占全国 1/3 焦煤保有资源量的 8.80%；霍州矿区 1/3 焦煤保有资源量为 112000.00 万 t，占全国 1/3 焦煤保有资源量的 8.64%；大同矿区 1/3 焦煤保有资源量为 111000.00 万 t，占全国 1/3 焦煤保有资源量的 8.57%；宁武轩岗矿区 1/3 焦煤保有资源量为 88000.00 万 t，占全国 1/3 焦煤保有资源量的 6.79%；平顶山煤田 1/3 焦煤保有资源量为 46782.00 万 t，占全国 1/3 焦煤保有资源量的 3.61%；邢台矿区 1/3 焦煤保有资源量为 40833.00 万 t，占全国 1/3 焦煤保有资源量的 3.15%；开平矿区 1/3 焦煤保有资源量为 37093.40 万 t，占全国 1/3 焦煤保有资源量的 2.86%；宿州矿区 1/3 焦煤保有资源量为 27520.40 万 t，占全国 1/3 焦煤保有资源量的 2.12%）（表 5-18）。

表 5-18　1/3 焦煤资源分布主要矿区/煤田

省份	矿区/煤田	保有资源量/万 t	比例/%
山西	离柳矿区	250000.00	19.29
	静乐岚县矿区	114000.00	8.80
	霍州矿区	112000.00	8.64
	大同矿区	111000.00	8.57
	宁武轩岗矿区	88000.00	6.79
安徽	涡阳矿区	115866.30	8.94
	宿州矿区	27520.40	2.12

省份	矿区/煤田	保有资源量/万 t	比例/%
河北	邢台矿区	40833.00	3.15
	开平矿区	37093.40	2.86
河南	平顶山矿区	46782.00	3.61
合计		943095.10	72.78

注：比例为矿区/煤田 1/3 焦煤保有资源量占全国 1/3 焦煤保有资源量比例。

四、资源规模

中国焦化用煤分布矿区/煤田众多，本书统计全国各省份稀缺焦化用煤矿区共 209 个，各矿区/煤田焦化用煤资源量差别很大。甘肃双龙矿区焦化用煤（焦煤）保有资源量仅有 9.00 万 t，而山西乡宁矿区焦化用煤煤类齐全，保有资源量达 86.98 亿 t。

依据特殊煤炭资源分类体系，将全国焦化用煤矿区/煤田按资源规模进行划分为大型矿区/煤田、中型矿区/煤田和小型矿区/煤田。

（一）大型矿区/煤田

焦化用煤大型矿区是指焦化用煤保有资源量超过 5 亿 t 的矿区。中国焦化用煤大型矿区有 46 个（表 5-19），大型矿区焦化用煤保有资源量约 2632.84 亿 t，占全国焦化用煤保有资源总量的 97.66%。

表 5-19　中国焦化用煤大型矿区保有资源量表　　　　（单位：万 t）

资源规模	矿区	煤类	保有资源量
>100 亿 t	大同矿区	QM、1/3JM	2018356.60
	离柳矿区	QM、1/3JM、FM、JM	1834695.40
	淮南矿区	QM、1/3JM、JM	1553000.00
	淮北矿区	QM、1/3JM、FM、JM	1379121.80
	平顶山矿区	JM、SM、1/3JM	1320418.00
	西山矿区	FM、JM、SM	1313660.50
	七台河矿区	QF、1/3JM、JM	1292279.30
	轩岗矿区	QM、QF、1/3JM、JM	1228042.20
	霍州矿区	QM、QF、1/3JM、FM、JM、SM	1187957.60
	河保偏矿区	QM	1028959.30
50 亿～100 亿 t	霍东矿区	FM、JM、SM	913951.70
	乡宁矿区	FM、JM、SM	869753.70

续表

资源规模	矿区	煤类	保有资源量
50亿～100亿t	巨野矿区	FM、1/3JM、JM、QF	799871.10
	济宁矿区	1/3JM、JM、QF	685167.20
	平朔矿区	QM	681244.00
	盘江矿区	QM、FM、JM、SM	672409.00
	韩城矿区	SM	633718.60
	汾西矿区	QM、FM、JM、SM	580658.10
	平原矿区	QF	523992.00
20亿～50亿t	开滦矿区	FM	491570.60
	恩洪矿区	JM	477109.00
	静乐岚县矿区	QM、QF、1/3JM、FM、JM	435261.80
	黄河北矿区	FM、1/3JM、JM、QF	421463.90
	乌海矿区	FM、1/3JM	420000.00
	鸡西矿区	1/3JM、JM、FM、SM	350656.50
	木里矿区	QM、JM	313903.50
	武夏矿区	JM、SM	306639.80
	澄合矿区	SM	280616.80
	双鸭山矿区	QF、1/3JM、JM、FM、SM	210232.80
	鹤岗矿区	QF、1/3JM、JM	203742.00
	水城矿区	JM	201768.00
10亿～20亿t	铜川矿区	SM	145394.20
	义马矿区	JM、FM 、SM	135771.60
	六枝黑塘矿区	FM、JM、SM	134955.00
	阿艾矿区	QM、1/3JM	132743.20
	邢台矿区	FM	130248.80
	韦州矿区	1/3JM、FM、JM、SM	127931.10
	峰峰矿区	FM、JM	125371.30
	发耳矿区	SM	119493.00
	尼勒克矿区	QM	116456.50
	吴堡矿区	SM	109537.00

资源规模	矿区	煤类	保有资源量
5亿~10亿t	东山矿区	JM、SM	98353.00
	镇雄矿区	未分类	94891.00
	潞安矿区	SM	88112.70
	蒲白矿区	SM	69885.10
	沈阳矿区	未分类	69044.00
合计			26328408.30

注：QF 表示气肥煤；1/3JM 表示 1/3 焦煤；FM 表示肥煤；JM 表示焦煤；QM 表示气煤；SM 表示瘦煤。

焦化用煤保有资源量超过 100 亿 t 的有 10 个矿区，为山西大同矿区、离柳矿区、西山矿区、轩岗矿区、霍州矿区、河保偏矿区，安徽淮南矿区、淮北矿区，河南平顶山矿区，黑龙江七台河矿区。

焦化用煤保有资源量为 50 亿~100 亿 t 的矿区有 9 个，包括山西的霍东矿区、乡宁矿区、平朔矿区、汾西矿区，山东的巨野矿区、济宁矿区，贵州的盘江矿区，陕西的韩城矿区，河北的平原矿区。

焦化用煤保有资源量为 20 亿~50 亿 t 的矿区有 12 个，包括河北开滦矿区，云南恩洪矿区，山西静乐岚县矿区、武夏矿区，山东黄河北矿区，内蒙古乌海矿区，黑龙江鸡西矿区、双鸭山矿区、鹤岗矿区，青海木里矿区，陕西澄合矿区，贵州水城矿区。

焦化用煤保有资源量为 10 亿~20 亿 t 的矿区有 10 个，包括陕西铜川矿区、吴堡矿区，河南义马矿区，贵州六枝黑塘矿区、发耳矿区，新疆阿艾矿区、尼勒克矿区，河北邢台矿区、峰峰矿区，宁夏韦州矿区。

焦化用煤保有资源量为 5 亿~10 亿 t 的矿区有 5 个，包括山西东山矿区、潞安矿区，云南镇雄矿区，陕西蒲白矿区，辽宁沈阳矿区。

（二）中型矿区/煤田

焦化用煤中型矿区是指焦化用煤保有资源量为 2 亿~5 亿 t 的矿区。中国焦化用煤中型矿区有 5 个（表 5-20）。中型矿区焦化用煤保有资源量约 19.74 亿 t，占全国焦化用煤保有资源总量的 0.74%。

表 5-20　中国焦化用煤中型矿区保有资源量表

省份	矿区	煤类	保有资源量/万 t
山西	石隰矿区	FM、JM	47356.00
新疆吐哈、伊犁地区	塔什店矿区	QM	42633.80
	拜城矿区	QM、1/3JM	41255.10

省份	矿区	煤类	保有资源量/万 t
新疆吐哈、伊犁地区	艾维尔沟矿区	FM、JM	37589.00
云南	庆云矿区	QM	28579.70
合计			197413.50

注：FM 表示肥煤；JM 表示焦煤；QM 表示气煤；1/3JM 表示 1/3 焦煤。

(三)小型矿区/煤田

焦化用煤小型矿区是指焦化用煤保有资源量小于 2 亿 t 的矿区。中国焦化用煤小型矿区有 159 个，小型矿区焦化用煤保有资源量约 43.37 亿 t，占全国焦化用煤保有资源总量的 1.61%。项目收集的 34 个煤田当中，焦化用煤小型煤田有 31 个。

第四节　高硫煤对焦化用煤资源的影响

根据《煤炭质量分级 第 2 部分：硫分》(GB/T 15224.2—2021)，高硫煤是指含硫量大于 3% 的煤。我国的煤炭储量达到世界煤炭储量的十分之一以上，但是，我国煤炭总储量中有三分之一的煤属于含硫量较高的高硫煤。

我国煤层中硫的平面分布规律呈现"南高北低"的特征(潘树仁等，2020)，高硫煤主要分布于北方晚石炭世、南方早二叠世和南方晚二叠世聚煤区，煤炭资源储量分别占全国煤炭资源总量的 26% 和 5%(杨永清等，2005；盛明和蒋翠蓉，2008)。据新一轮全国煤田预测汇总统计结果，除台湾地区外，我国垂深 2000m 以浅煤炭资源总量为 53663.20 亿 t。其中，探明保有资源量 14891.90 亿 t，预测煤炭资源量为 38809.40 亿 t，煤炭储量为 14853.80 亿 t。按照高硫煤炭资源储量占煤炭资源总储量的 9.00%，可以计算得出，我国垂深 2000m 以浅高硫煤的煤炭资源储量为 4829.68 亿 t，高硫煤的探明保有资源量为 1340.27 亿 t，预测煤炭资源储量为 3042.85 亿 t。

根据 2015 年全国煤炭潜力资源评价的最新数据(表 5-21)(唐跃刚等，2015)，对全国五大赋煤区、29 个省(自治区、直辖市)、743 个矿区、19678 个样品数据的煤炭保有资源量进行统计，高硫煤分布特点：①我国高硫煤发育于多个地质年代，主要分布在晚石炭世—早二叠世，少量分布在侏罗世—早白垩世，极少数分布在新近纪。②整体来看，我国高硫煤主要分布在山西(华北)、贵州、内蒙古(华北)、四川、重庆、陕西和山东。其中，华南赋煤区的浙江、湖北、广西、重庆、贵州等省份煤中全硫的平均含量均接近或高于 3.00%，华北赋煤区的山西、山东、河北、北京、河南高硫煤所占比例在 1.56%～7.34%，西北赋煤区和东北赋煤区的辽宁、吉林、黑龙江煤中高硫煤的比例相对较低。③从保有资源量加权平均值来看，贵州、重庆、四川相对较高，且这些地区高硫煤所占比例较高。

表 5-21 全国不同省级行政区划煤中全硫含量的分布

省(自治区、直辖市)	保有资源量加权平均值	矿区数	数据量	不同分级硫煤的含量/%					
				特低硫煤	低硫煤	低中硫煤	中硫煤	中高硫煤	高硫煤
北京	0.78	5	36	50.13	42.53	0	0	0	7.34
天津	1.13	1	3	0	0	100	0	0	0
河北	0.97	28	302	26.76	35.09	21.54	8.95	5.63	2.03
山西	1.29	26	3413	16.34	26.35	14.30	30.30	10.57	2.14
内蒙古	0.68	109	1027	49.67	34.81	9.47	3.61	2.44	0
辽宁	0.95	21	111	33.13	40.90	5.38	7.96	11.5	1.13
吉林	0.99	28	339	66.20	20.52	2.60	0.91	1.00	8.77
黑龙江	0.36	16	1803	90.96	8.72	0.04	0	0	0.28
江苏	1.38	5	127	2.37	54.97	24.31	0.51	8.84	9.00
浙江	4.41	3	48	2.83	7.03	10.65	2.55	4.75	72.19
安徽	0.68	6	243	29.75	62.25	4.89	0.43	2.54	0.14
福建	0.94	11	246	22.92	50.98	17.36	1.9	4.51	2.33
江西	1.91	29	715	9.51	28.05	12.13	10.99	24.24	15.08
山东	1.56	24	346	2.96	27.13	27.34	14.40	26.25	1.92
河南	0.83	20	872	29.80	46.98	7.70	10.47	3.49	1.56
湖北	3.84	28	968	2.51	12.34	4.37	6.31	6.44	68.03
湖南	1.27	77	1611	9.79	62.57	8.32	6.13	4.66	8.53
广东	1.79	17	145	16.74	19.42	30.33	11.21	1.68	20.62
广西	3.3	17	281	0	4.07	18.54	34.63	7.60	35.16
海南	0.73	2	12	0	97.42	2.58	0	0	0
四川	2.02	18	1432	6.65	20.44	10.94	12.50	24.88	24.59
重庆	3.26	38	1223	6.35	8.51	21.55	7.31	7.69	48.59
贵州	2.67	9	2522	6.64	4.84	20.39	11.81	21.24	35.08
云南	1.66	53	469	15.66	6.54	38.99	10.08	10.74	17.99
陕西	1.15	2	256	23.24	42.29	4.34	0.96	26.27	2.90
甘肃	1.02	75	458	23.51	19.43	50.12	3.52	1.99	1.43
宁夏	0.99	18	93	18.15	51.74	13.61	1.06	11.09	4.35
青海	0.77	17	111	33.37	51.48	14.80	0	0.17	0.18
新疆	0.41	40	466	76.9	20.68	1.17	0.26	0.15	0.84

　　现行的国家标准《煤炭质量分级　第 2 部分：硫分》(GB/T 15224.2—2021)对高硫煤的定义仍延续之前 3%的划分标准，并将低中硫煤和中硫煤统一划分为中硫煤($1.01\% <$ $S_{t,d}/\% < 2.00\%$)。这一标准的施行直接影响国家对高硫煤开采政策的制定，国务院发布的《煤炭工业发展"十二五"规划》《煤炭产业政策》(修订稿)及《国务院办公厅关于促进煤炭行业平稳运行的意见》中均明确指出对煤中硫分的限制生产、使用及进口。现行规范煤炭工业指标中将 $S_{t,d}$ 指标定为≤3.0%，对 $S_{t,d} > 3.0\%$ 的高硫煤不予资源储量评审。

第六章

焦化用煤现状分析

第一节　焦化用煤资源现状

焦化用煤是按照煤炭用途进行划分，作为生产原料，用来生产焦炭，进而用于冶金等行业的煤炭种类。按中国煤炭资源和煤炭统计分类，焦化用煤包括气煤（QM）、气肥煤（QF）、肥煤（FM）、1/3焦煤（1/3JM）、焦煤（JM）、瘦煤（SM）、贫瘦煤（PS）等。其中，肥煤、焦煤和瘦煤等中、高挥发分强黏结煤是配煤炼焦的基础煤，它们可以保证煤料有足够的黏结性，这些煤也能单独炼焦。

根据2015年全国煤炭潜力资源评价的最新数据，已探明的全球煤炭可采量合计9090.00亿t以上，实际开采年限可达147年之久。根据当前煤炭的实际变质情况，已探明的煤炭储量中，焦化用煤所占的比例不足1/10。在全球焦化用煤资源开采过程中，肥煤、焦煤以及瘦煤的含量约占其总量的一半，其中经济可采量可达5000.00亿t以上；在这些可采资源中，低灰与低硫优质焦煤的含量只有600.00亿t左右，在全球焦煤资源中，大约一半以上分布于亚洲，大约有1/4的资源分布于北美洲等区域，剩下的1/4分布于世界其他区域（刘文郁和曲思建，2005）。

据第四次全国煤炭资源潜力评价资料，我国焦化用煤已查明资源储量达2765.00亿t，焦化用煤基础储量为1263.00亿t，占世界总储量的26.25%，焦化用煤储量仅占我国煤炭总储量的7.65%，如图6-1所示；优质焦化用煤则更少，按目前每年消耗9亿～10亿t炼焦原煤计算，中国焦化用煤剩余探明储量仅能开采60余年（王骏，2009）。

而据国土资源部2015年统计，全国煤炭保有查明资源量15663.10亿t，其中焦化用煤保有查明资源量为2960.10亿t，仅占18.90%。其中经济可采的焦化用煤储量仅567.60亿t，占焦化用煤保有查明资源量的19.18%。我国焦化用煤资源在29个省（自治区、直辖市）均有赋存，但分布不均衡，主要分布在华北地区，约占全国焦化用煤资源总

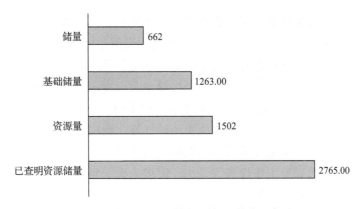

图 6-1　中国焦化用煤资源储量（单位：亿 t）

量的 3/4，其中山西约占一半。焦化用煤资源分布矿区主要有山西离柳、乡宁、西山、霍州，黑龙江七台河、鹤岗、鸡西、双鸭山，河北峰峰、邢台、开滦，河南平顶山，安徽淮北、淮南，贵州六枝、盘江、水城，内蒙古乌海，宁夏石嘴山、石炭井，新疆阜康、艾维尔沟等矿区（常毅军等，2013）。

我国焦化用煤原生煤质中，中灰、低灰和特低灰的焦化用煤较少，大部分焦化用煤属石炭纪和二叠纪，一般灰分产率在 25% 左右，低于 10% 的极少；焦化用煤硫分普遍偏高，尤其是华北地区太原组煤和南方二叠纪煤田。灰分小于 20%、硫分小于 2%、强黏结性、可选性为易选的焦煤、1/3 焦煤、肥煤和瘦煤等优质焦化用煤资源十分稀缺，主要集中在山西离柳、乡宁、西山、霍州矿区。根据煤质评价模型评价，优质焦化用煤仅占焦化用煤的 15.10%（《全国煤炭资源潜力调查评价项目》课题组，2016），主要焦化用煤生产地区的煤质特征分析见表 6-1。

表 6-1　我国主要焦化用煤生产地区的煤质特征分析（《全国煤炭资源潜力调查评价项目》课题组，2016）

主要地区	主要煤质特征分析
东北地区	属于低硫煤，开采历史长，浅部资源已基本开采完毕，部分矿区资源逐渐接近枯竭
华北地区	约占全国焦化用煤资源总量的 3/4，位于上部的山西组硫分一般低于 1.00%，下部的太原组硫分较高，一般在 1.00%~4.00%。目前，河北、山东、安徽、河南、内蒙古等地区大多数矿区以及山西部分矿区逐渐向深部延伸
西北地区	总体勘探程度低，以目前地质资料难以全面评价焦化用煤数量、煤种及煤质
华南地区	焦化用煤资源量约占 4.00%，主要属二叠纪龙潭组，含硫量更高，一般处于 2.00%~5.00%

由此可见，我国焦化用煤资源储备主要特点有：一是焦化用煤资源分布不均，一半以上分布在山西，山西焦化用煤保有查明资源量为 1562.50 亿 t，占全国保有查明资源量的 52.79%（曹代勇等，2008）；二是焦化用煤煤种齐全（图 6-2），在我国的焦化用煤资源中，气煤占 34.82%，强黏结性的焦煤和肥煤相对较少，分别占 24.41% 和 8.85%，瘦煤占 16.67%，去除高灰、高硫、难洗选、不能用于炼焦的部分，优质的焦煤和肥煤占查明煤炭资源储量的比例不足 6.00% 和 3.00%，这使得虽目前我国的焦化用煤产能能够满足经

济发展的需要，但分煤类的生产量和需求量之间不匹配，气煤有较大的富裕，主要焦化用煤煤种资源量相对稀缺（刘毅，2013）；三是焦化用煤原生煤质较差，灰分和硫分偏高，今后随着勘探程度加深，这一趋势将更加明显；四是焦化用煤新增查明资源量少，保有资源量比例下降，近几十年焦化用煤资源勘探没有重大发现，焦化用煤保有资源量占全国煤炭保有资源量的比例从 1992 年的 28.71%下降到 2015 年的 18.90%，下降了约 10 个百分点（黄文辉等，2010）。按目前炼焦原煤消耗计算，我国焦化用煤只能满足近几十年的炼焦需求，而且我国焦化用煤分煤类资源量与需求量不匹配，气煤资源量大，但生产需求量小，而肥煤、焦煤等主焦煤资源量小，需求量大。目前优质焦煤、肥煤短缺已成为部分企业保障焦炭质量的障碍。

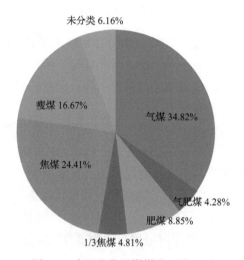

图 6-2　中国焦化用煤煤类百分比图

第二节　焦化用煤开发利用现状

我国煤炭保有储量占用率超过 20.00%，而焦化用煤保有储量的占用率达 46.00%以上。焦化用煤保有储量占用率比煤炭保有储量占用率高一倍多，长远发展下去必将出现焦化用煤资源紧缺（樊永山等，2008）。东北、京津冀、华东和中南地区的资源将全部被利用或占用。占焦化用煤资源总量 53.10%的晋陕蒙西地区，焦化用煤资源利用率也将达到 61.70%或 70.70%。近几年来，煤矿受利益驱动，超能力生产现象普遍存在。焦煤和肥煤开采水平已明显大于资源储量保有水平，焦煤和肥煤这一稀缺资源的耗竭速度明显大于其他煤炭资源。

如图 6-3 所示，2001～2009 年，炼焦原煤产量年均增速为 9.00%，远低于全国原煤产量的年均增速 12.40%。随后因钢铁需求受基建刺激拉动，2010～2013 年，焦化用煤产量年均增速超过原煤，并于 2013 年产量达到历史峰值 13.30 亿 t，占当年原煤总量的 36.00%。随后受钢铁需求转弱影响，炼焦原煤产量呈逐年下跌的趋势，2015 年产量同比缩减至 12.20 亿 t，较峰值累计下滑 8.27%。在 2001～2015 年的 15 年中，整体来看，焦化用煤产量平均增速不及原煤，动力煤贡献大部分的原煤产量增长(智研咨询，2016)。

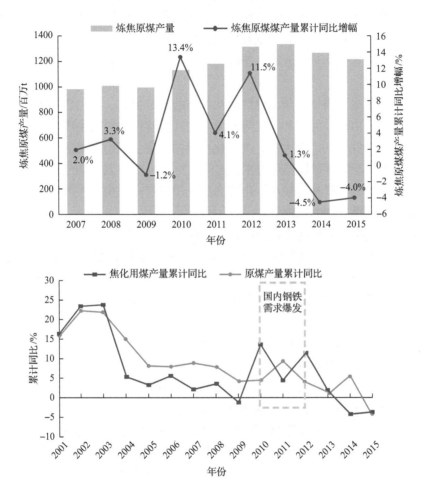

图 6-3　2007～2015 年全国炼焦原煤产量与累计增速及 2001～2015 年焦化用煤及原煤产量累计增速对比
据智研咨询(2016)修改

"十二五"以来，煤炭行业进入了高速发展时期，由于常年开采利用，低硫优质焦化用煤资源已经非常有限。通过采用矸石充填置换煤的采煤技术的应用，显著提升了采区回采率，提高了焦化用煤产量。但是随着焦化用煤煤矿逐步开采到深部，煤炭机械化开采的广泛应用，以及综采、综放技术的大量使用，原煤灰分快速升高、含矸率上升、硫分总体呈上升态势。通过加大焦化用煤选煤技术投入，改造工艺，深入挖潜，炼焦商品煤质量逐步提高并趋于平稳，年炼焦精煤灰分基本在 9.50%左右，灰分已完全可以满足冶金行业使用。但是由于工艺技术、设备等方面的局限，加之我国焦化用煤中有 15.00%左右为难选、难以利用的高灰、高硫煤，特别是焦煤和肥煤，初步估计每年仍约有 2 亿 t焦化用煤被作为普通动力煤使用，大量宝贵的焦化用煤资源被浪费(程子曌，2017)。

因此，在焦化用煤资源总体稀缺、分布不均和近年来过度开发的情况下，为保障焦化用煤资源未来稳定供给，应实施更严格的焦化用煤资源保护性开发，大力发展高精度选煤技术，充分利用焦化用煤资源，限制稀缺煤资源的低效利用。同时，为缓解我国主焦煤短缺，降低炼焦成本，还应大力推广优化配煤结构等技术(王宏，2018)。《稀缺、特殊煤炭资源的划分与利用》(GB/T 26128—2010)中指出，将肥煤、焦煤、瘦煤划分为稀缺焦化用煤，并规定应保护性开采、按优先用途利用；规定稀缺焦化用煤应全部入选，以提高资源利用率。

我国焦煤产量主要集中在华北地区，从具体的省份上看，我国焦化用煤产量主要集中在山西、安徽、山东、河南和河北等省份。这几个省份的核定生产能力之和占全国的70.58%。山西作为我国的产煤大省，其焦化用煤的核定生产能力接近全国核定生产能力的三分之一，其生产的煤种以焦煤为主，比例达到36.40%；其次为气煤和瘦煤，肥煤和气肥煤的核定生产能力都相对较小。南方因焦化用煤资源较少，生产能力也低，主要集中在贵州、四川、重庆和滇东地区。

焦化用煤主要生产基地绝大部分已开发或即将开发，2020年后可供开发的大型焦化用煤生产基地所剩无几。据现有勘探资料，全国焦化用煤资源比较集中，保有地质储量在10亿t以上的煤田41处，占总储量的83.20%，已经开发的26处，占用总储量的56.70%，2020年以前要开发的9处，占用总储量的30.10%，剩下的6处保有地质储量284.00亿t，仅占总储量的13.20%，且分布在边远地区(陈利成，2012)。

长期以来，焦化用煤资源并未得到充分利用，相当一部分焦化用煤被当作动力煤使用，如用于发电、窑炉燃烧等。这不仅浪费了储量不多的焦化用煤资源，同时未能充分发挥该煤炭资源的特点。焦化用煤真正经过洗选作为焦化用煤利用的大致为1/3，再考虑到占总量15.00%左右的难洗选、高硫焦化用煤只能作为动力煤使用，全国有半数左右的焦化用煤没有发挥其应有的作用(陈利成，2012)。并且由于焦炉装备水平低，不注重科学配煤方法炼焦，焦煤和肥煤消耗量大，浪费了大量的稀缺资源。同时在国际国内焦炭价格大幅度上升的高利润率驱使下，有的焦炭生产企业开足马力生产，为了多出焦炭而忽视炉制煤气、煤焦油和粗苯等资源的回收，大量的煤化工产品原料被浪费。

因此，在我国《煤炭工业发展“十三五”规划》“推进煤炭清洁生产”中提出要大力发展高精度煤炭洗选加工，实现煤炭深度提质和分质分级，2017年全年原煤产量35.20亿t，同比增加1.10亿t，同比增长3.30%，原煤总的入选率高达70.20%，同比提高1.30个百分点，已达到发达国家水平。我国已建成的各种类型选煤厂超过2000座，新建了一大批具有世界先进水平的选煤技术和装备的大型与超大型选煤厂，其中年入选原煤能力超过10.00Mt的超大型选煤厂75座，总设计入选原煤能力超过11亿t，占全国入选能力的42.00%，其中焦化用煤选煤厂11座，入选能力1.45亿t(程子塈，2017)。可预见，“大型、高效、简化、可靠、智能化”是今后焦化用煤洗选发展方向，不断完善新建或现有选煤厂管理水平，实行“无人值守，有人巡视”的先进管理理念，是未来智能化选煤厂的发展趋势。

煤炭是不可再生的一次能源，焦化用煤更因其稀缺性，需保护性开采，且必须通过洗选脱硫、降灰后清洁利用，目标是达到 100%全入选。发达国家已达到的入选比例为80%～100%，而中国要求入选比例大于 75.00%以上。焦化用煤选煤技术作为炼焦原料把关工序，在保证精煤质量的前提下，最大回收率原则在焦化用煤选煤厂设计中显得尤为重要（石焕等，2016；王宏，2018）。

我国焦化用煤保有储量占用率比煤炭保有储量占用率高一倍多，焦煤和肥煤资源的耗竭速度明显大于其他煤炭资源，焦化用煤主要生产基地绝大部分已开发或即将开发，利用过程中相当一部分焦化用煤被当作动力煤使用，长远发展下去必将出现焦化用煤资源紧缺，因此，我们需使焦化用煤资源保护性开发，提升矿井的回采率、提高原煤入选比例，使焦化用煤得到深度、高效地分选；此外，为保护我国的焦化用煤资源，国家也鼓励进口优质煤炭，加强焦化用煤的进口。

第三节　焦化用煤供需分析

全球焦化用煤的供给基本集中在中国、澳大利亚、俄罗斯和美国等国家。全球焦化用煤的主要消费国家依次为中国、印度、俄罗斯、日本等。近年焦化用煤全球供应略大于需求，供给相对集中，从 2012 年 5 月开始，由于中国经济放缓，相关行业开始产能过剩，煤炭行业进入去库存期，出现产能过剩、煤炭价格下跌、企业亏损面扩大等问题。2013 年 9 月开始，由于钢铁库存减少、国际进口煤价上升和国家政策利好等因素影响，焦化用煤价格开始缓慢回升。

一、焦化用煤供给

世界焦化用煤供给主要来自中国、澳大利亚、俄罗斯和美国等国家。2011 年全球炼焦精煤产量约 9.89 亿 t。其中中国产量约占全球产量的 50.00%以上，澳大利亚产量约占全球产量的 15.00%，俄罗斯产量约占全球产量的 8.50%，美国产量约占全球产量的 8.00%。

全球焦化用煤产量从 1978 年到 1990 年增长较为缓慢，2005 年以来由于中国钢铁产量的增长，焦化用煤产量增长速度非常快，2005～2011 年全球焦化用煤产量增长了约43.00%，其中中国焦化用煤产量增长了约 76.00%。

我国焦化用煤主要用于炼焦，进而用于钢铁行业，中国焦化用煤目前的需求增长情况主要受焦炭行业和钢铁行业的影响。钢铁行业是焦炭消费的主要用户，钢铁行业快速发展可以增加焦炭的需求量，进而增加焦化用煤的需求量。因此，钢铁行业和焦炭行业景气状况是影响焦化用煤需求的重要因素，焦煤作为炼焦配煤的主焦煤，其需求与钢铁行业和焦炭行业景气状况息息相关。我国是当今世界上焦炭的第一生产大国、消费大国和出口大国，焦炭产量占全球产量的一半以上，焦炭出口量占全球贸易量的近六成。

受国际国内焦化用煤市场需求拉动，近几年中国焦化用煤产量持续增长。2005～2011 年，中国焦化用煤产量增长了 76.00%，年均增长 10.00%，高于原煤产量 8.10%的平均增速。2011 年全国焦化用煤产量为 11.80 亿 t，同比增长 4.10%，低于原煤产量 8.60%的增速（陈利成，2012）。2012 年全国焦化用煤产量为 10.40 亿 t，同比下降 11.86%，而原煤产量增速为 3.80%。焦化用煤占总原煤产量的比重由 2005 年的 41.40%下降到 2012 年的 28.50%，从 2004 年开始，焦化用煤原煤产量增速均低于原煤产量增速，2010 年低于原煤产量增速 1.5 个百分点，其主要原因是占焦化用煤资源储量和供应量 2/3 的地方、乡镇煤矿受安全生产治理整顿影响，以及大量投资不到位，产能和产量低速增长。另外，受到国内经济放缓、钢铁行业产能过剩以及资源税征收的影响，2013 年焦炭产量开始出现负增长。

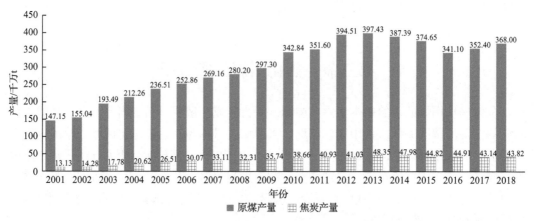

图 6-4　中国焦炭及原煤年度产量（数据来源：国家统计局）

从历年各地区焦化用煤产量来看，中国焦化用煤产量主要集中在华北地区和华东地区。西南地区和东北地区产量次之，中南地区产量不多，西北地区产量最少。从 2017 年的数据来看，山西焦化用煤生产能力最大，为 4.59 亿 t/a，约占全国焦化用煤总生产能力的 42.08%。其次为山东、安徽、贵州、河南、黑龙江、河北和新疆等。2017 年我国各省份焦化用煤产量前十位见表 6-2。

表 6-2　2017 年我国各省份焦化用煤产量前十位

排名	省份	焦化用煤产量/(亿 t/a)	占全国焦化用煤产量比/%
1	山西	4.59	42.08
2	山东	1.17	10.74
3	安徽	1.14	10.42
4	贵州	0.77	7.04
5	河南	0.49	4.47

排名	省份	焦化用煤产量/(亿 t/a)	占全国焦化用煤产量比/%
6	黑龙江	0.44	4.02
7	河北	0.39	3.58
8	新疆	0.30	2.73
9	陕西	0.23	2.10
10	内蒙古	0.22	1.98

资料来源：中国煤炭资源网。

　　预计未来焦化用煤增量主要来自山西、河南整合煤矿复产及贵州、新疆、宁夏等地区的新建和整合煤矿产能释放，而山东、安徽等地产量预计保持稳定或有所下滑。除受资源限制外，国家发展和改革委员会 2012 年 12 月发布《特殊和稀缺煤类开发利用管理暂行规定》，对肥煤、焦煤、瘦煤和无烟煤等稀缺煤类实行保护性开发利用。新建大中型特殊和稀缺煤类煤矿投产后 10 年内，原则上不得通过改扩建、技术改造（产业升级）、资源整合（兼并重组）和生产能力核定等方式提高生产能力。这将进一步限制焦化用煤特别是优质焦化用煤产量的增长。

　　中国各种焦化用煤煤种都有生产，在炼焦原煤产量中，以焦煤、气煤、1/3 焦煤和气肥煤产量较多，肥煤、贫瘦煤和瘦煤的产量较少（表 6-3）。在炼焦过程中需要各煤种进行组配，由于焦化用煤各品种产量的不协调，部分炼焦配煤缺乏主焦煤而无法炼焦被迫作动力煤使用，炼焦配煤流失严重，而且在土焦和改良焦冶过程中大量使用主焦煤和肥煤炼焦也极大地浪费了稀缺的焦煤资源。

表 6-3　2012 年中国焦化用煤分品种储量和产量

煤种	查明资源储量/亿 t	储量比例/%	产量/万 t	产量比例/%
全部焦化用煤	2803.64	100	104070.00	100
气煤、 1/3 焦煤	1282.12	45.73	31695.00 16017.00	30.46 15.39
气肥煤、 肥煤	359.12	12.81	10578.00 9097.00	10.16 8.74
焦煤	661.95	23.61	18886.00	18.15
瘦煤、 贫瘦煤	445.50	15.89	7260.00 7367.00	6.98 7.08
未分类	54.95	1.96	3170.00	3.05

资料来源：中国煤炭资源网。

　　2006～2013 年全国焦化用煤原煤产量逐年上升。据有关统计资料，全国焦化用煤类原煤产量从 2006 年的 9.60 亿 t 增加到 2013 年的 13.80 亿 t，年均增速为 5.32%。近几年，受经济增速整体放缓影响，焦钢产业需求放缓，焦化用煤市场需求减弱，以及国家供给侧结构性改革影响，焦化用煤产量有所下降，从 2013 年的 13.80 亿 t 减少为 2016 年的 10.97 亿 t。2006～2016 年我国炼焦原煤产量及同比增速如图 6-5 所示。2016 年以来，在供给侧结构性改革政策的强力推动下，根据各省和中央企业公布的煤矿关闭退出情况，2016 年煤炭行业实际完成去产能达 3.40 亿 t，其中炼焦煤矿关闭退出产能 1.12 亿 t；2017 年全国实际完成去产能达 1.77 亿 t，其中炼焦煤关闭退出产能 0.49 亿 t。2018～2020 年炼焦煤关闭退出产能 0.85 亿 t。近期，随着煤矿落后产能的关闭退出，以及优质产能的加快释放，2020 年全国炼焦原煤产量下降为 10.80 亿 t 左右；之后，随着山东、河南、河北、黑龙江、安徽等地区部分老矿区炼焦煤资源的逐步枯竭，预计到 2030 年炼焦原煤产量将会降至 9.70 亿 t 左右；预计到 2050 年，除山西、新疆外，大部分省份的炼焦煤资源已接近枯竭或开采条件变差，全国炼焦原煤产量将会降至 7.80 亿 t 左右（李丽英，2019）。由于资源限制，焦化用煤未来 5～10 年产量增长预计仍将低于原煤产量总体增速。

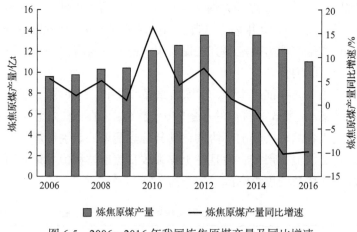

图 6-5　2006～2016 年我国炼焦原煤产量及同比增速

二、焦化用煤需求

焦化用煤用途比较广泛，可用于冶炼焦炭，焦炭按用途通常可分为冶金焦（包括高炉焦、铸造焦、铁合金焦和有色金属冶炼用焦）、气化焦和电石用焦等；也可作为化工、建筑原料；也可直接用于发电。我国的焦化用煤主要用于生产焦炭。焦化用煤处于煤、钢、焦产业链上游，在产业链竞争中处于有利地位。炼焦原煤能洗出将近一半的炼焦精煤，约 1.30t 炼焦精煤可制造出 1.00t 焦炭。根据国家统计局数据，2017 年我国用于炼焦的原煤约为 8.10 亿 t，占当年焦化用煤总产量的 74.24%。部分炼焦煤没有作为焦化用煤的主要原因：一是云南、贵州、四川等地区的部分炼焦原煤硫分高、极难选或灰分过高，若以炼焦精煤为主导产品，精煤产率过低，企业经济效益差，导致不能全部作为焦化用煤入洗；二是气煤存在结构性过剩，相当一部分没有作为焦化用煤。

我国钢铁工业是焦炭消费的主力。根据国家统计局数据，2017 年我国焦炭消费总量为 4.23 亿 t，其中钢铁工业消费 3.73 亿 t，占 88.18%；化工行业消费 0.35 亿 t，占 8.27%；机械制造行业消费 0.068 亿 t，占 1.61%；有色金属行业消费 0.061 亿 t，占 1.44%；其他行业消费及损耗 0.026 亿 t，占 0.61%。在钢铁工业焦炭消费量中，炼铁消费焦炭量约 2.86 亿 t，占钢铁工业焦炭消费量的 76.68%，占全国焦炭消费总量的 67.61%（图 6-6）。

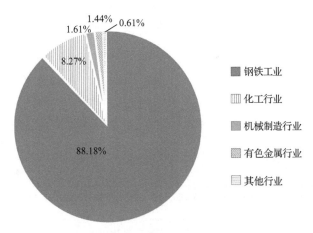

图 6-6　2017 年中国各行业焦炭消费情况

图中各比例加和不为 100% 是由于四舍五入

　　全球焦化用煤消费量中，中国消费的比例最高，2011 年达到 5.90 亿 t，占全球 59.70% 左右，其次是印度、俄罗斯、日本、乌克兰等国家。中国生铁产量占全球生铁产量比例为 45.80%。焦化用煤消费量与生铁产量比例不匹配的原因在于中国高炉焦比比全球高炉焦比偏高，国外倾向于喷吹煤、废塑料、重油等加入高炉做燃料。2009～2019 年，我国钢铁工业技术装备水平大幅提高，钢铁企业主体装备总体达到国际先进水平。高炉容积大型化，已拥有一批 3000m³ 以上高炉，重点大中型钢铁企业 1000m³ 及以上高炉的产能占炼铁总产能的 72.00%（李新创，2019）。随着技术进步、装备大型化、落后产能淘汰，以及节能技术及装备的普及应用，我国钢铁工业能耗指标将不断优化，但同时，炼铁高炉大型化要求提高低灰、低硫、强黏结性的主焦煤、肥煤配比。冶金节约焦炭技术包括直接还原铁技术、高炉喷吹煤技术以及电炉炼钢技术等非高炉炼铁技术，在一定程度上抑制了焦炭消费量增长。但是，由于当前原料条件和能源结构支撑力度不够，非高炉炼铁发展缓慢。

　　焦化用煤需求的主要影响因素是黑色冶金产业，也就是钢铁行业，焦化用煤的需求量伴随着生铁产量的增减而增减（图 6-7）。从 1978 年到 2018 年，世界钢铁产量总体是增长的，2018 年钢铁产量为 18.08 亿 t，比 1978 年增长了 206.63%。尤其从 2005 年以来，伴随着中国钢铁行业的快速发展，全球焦化用煤需求量有比较快的增长，中国焦化用煤消费量近年来保持着非常快速的增长，从 2000 年到 2014 年，中国生铁产量增长了 544.78%，从而导致了中国焦炭消费量增长了 393.80%。2012 年后，受国内刺激政策退出、经济结构调整等因素影响，钢焦产业量增速下滑，焦炭、生铁和粗钢产量同比增速放缓，分别降至 5.20%、3.70%和 3.10%。

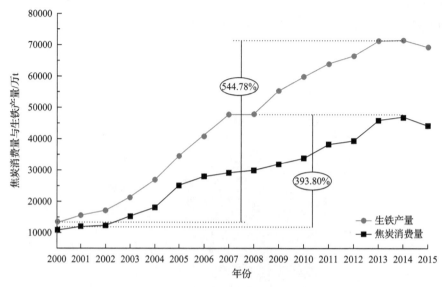

图 6-7　中国焦炭消费及生铁产量

资料来源：国家统计局

　　2018 年以来，世界经济增长趋于稳定，中国经济长期向好，在平衡中持续推进，已经从高速增长阶段转变为高质量发展阶段，更加注重经济增长的质量和效益，金融大局稳定，宏观杠杆的高速增长势头已被初步遏制。2018 年中国 GDP 增速 6.60%，较 2010年的 10.60%下降了 4 个百分点。随着我国经济发展增速放缓和经济结构战略性调整，我国钢材消费强度将不断降低，钢铁工业也将进入减量化发展，钢材需求量将进入一个较长时期的负增长时代。

　　根据国家规划以及权威机构对未来 5～10 年钢铁产量的预测，预计未来 5～10 年钢铁产量增长率约 3.50%，预计炼焦精煤需求增速将回落至约 2.50%。

三、焦化用煤进出口

　　由于全球焦化用煤的供应区域与需求区域不匹配，全球焦化用煤的进出口贸易量比较大。2011 年全球焦化用煤进出口贸易量为 2.72 亿 t，占全球焦化用煤消费量的 27.50%。从 2004 年到 2011 年全球主要焦化用煤进口国家焦化用煤进出口增长了 43.00%，其中增长最快的是中国。焦化用煤进口量最多的是日本，其次是中国、印度、韩国及其他欧洲国家。全球焦化用煤出口国家也非常集中，主要的焦化用煤出口国家焦化用煤出口量几乎占据了全球焦化用煤出口贸易量。从 2004 年到 2011 年全球主要焦化用煤出口国家焦化用煤出口量增长了 57.00%，其中增长最快的是美国。焦化用煤出口量最多的是澳大利亚，其次是美国、印尼、加拿大、俄罗斯等国家。

　　近年来，中国焦化用煤进出口贸易经历了两个历史阶段(图 6-8)。2002 年以前，中国焦化用煤进口数量基本在 20.00 万～50.00 万 t；2003 年以后，中国钢铁工业高速发展、焦化厂大规模上马，焦化用煤过度消耗，部分地区出现相应紧缺。2003 年以后中国焦化用煤进口量突飞猛进，增长 10 倍以上，到 2004 年达到 676 万 t。2005 年我国焦化用煤进口量增至 719 万 t，比 2004 年增长 6.4%。2006 年焦化用煤进口量下降到 466 万 t，同比降幅达 35.2%。主要原因是当年国内焦化用煤产量继续增长，增量约占全部产量的 50%，减少了我国对焦化用煤进口的需求。2004 年以前，中国焦化用煤出口比较稳定，进口量比较少，中国为净出口国，每年出口的焦化用煤在 500.00 万～600.00 万 t，出口的国家主要是日本，2007 年国内焦炭高增长，焦化用煤需求增加，造成国内焦化用煤资源紧缺，焦化用煤进口局势发生逆转，进口量开始大幅回升，进口量达 622 万 t，同比增幅达 33.48%。这一年我国转化为焦化用煤净进口国。进入 2008 年，尽管国际市场焦化用煤大幅度涨价，但焦化用煤资源紧缺，一些焦化企业不得不加大从国外的进口。2008 年全年进口焦化用煤 686 万 t，同比增 10.3%。2009 年之后，中国钢铁产量不仅未受金融危机影响，反而大幅上涨。同时，国内焦化用煤产量增长有限，尤其是优质焦化用煤主产区山西产量下滑。受双重影响，2009 年进口量大幅度攀升到 3442 万 t，同比增长 401.7%。2010 年进口量达到 4727 万 t，同比增长 37.3%。2011 年，受我国政府紧缩调控政策的影响，国内经济增速逐步放缓，下游钢铁、焦炭的需求受到抑制，焦化用煤进口量同比减少 5.5%，为 4466 万 t。2012 年全年进口焦化用煤 5355 万 t，占全国焦化用煤总产量的 5.10%，比 2011 年同期的 4466 万 t 增长 19.91%。近年我国焦化用煤进出口情况为净进口，净进口量逐年增加，增长速度较快，并且进口量占全国焦化用煤产量比例也在逐年增大。2013 年焦化用煤进口量达到 7539 万 t。2015 年 1 月，恢复了焦化用煤进口关税，焦化用煤进口量下降至 4783 万 t，比上年下降 23.26%。2016 年，我国进口焦化用煤 5923 万 t，同比增加 23.83%。到 2018 年底，全年进口焦化用煤 6490 万 t，比 2017 年同期的 6935 万 t 下降 6.42%。

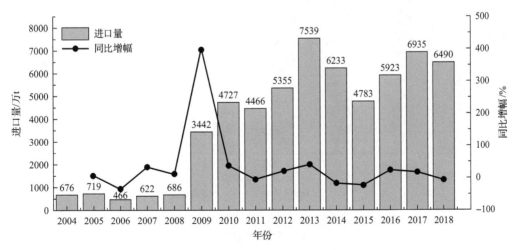

图 6-8　2004～2018 年中国焦化用煤进口量及同比增幅

中国焦化用煤的进出口不仅受国内供需的影响，还受到国家税收政策的影响。2006

年以前中国焦化用煤进口关税为 3.00%～5.00%，2006 年 11 月进口关税调整到 1.00%，2007 年 1 月焦化用煤进口关税进一步取消，以刺激国外焦化用煤的进口。2008 年 8 月，中国将焦化用煤出口关税由 5.00% 调整到 10.00%，以遏制国内焦化用煤的出口。之后，中国还对焦化用煤的资源税做了调整，2007 年 2 月将焦化用煤资源税提高到 8.00 元/t，2011 年 11 月，新修订的《中华人民共和国资源税暂行条例》执行，焦煤资源税由 8 元/t 调整到 8～20 元/t。海关总署公布的 2013 年焦化用煤关税保持 10.00% 的出口关税和零进口关税。而且自 2015 年开始中国焦化用煤出口关税从 10.00% 下调至 3.00%，调动了企业出口焦化用煤的积极性，2016 年焦化用煤出口 120.00 万 t，同比增加 24.19%。

近年我国焦化用煤进出口情况为净进口，净进口量逐年增加，增长速度较快，并且进口量占全国焦化用煤产量的比例也在逐年增大。由于国外煤炭生产成本较低，目前较低价格的焦化用煤仍有需求刚性。预计短期我国进口焦化用煤还将保持很大幅度的增长。

四、焦化用煤供需平衡分析

全球焦化用煤供需基本平衡，供应略大于需求。2005 年以来随着中国钢铁产能的扩大，焦化用煤整体供应呈现偏紧的局面(图 6-9)。中国经济的发展，尤其是城镇化和工业化的发展，使得中国对于钢材的消费量日益增加，钢材产能不断扩张，对于焦炭的需求量也不断扩大，从而导致焦化用煤的需求量增加。中国焦化用煤在 2004 年就依赖部分净进口量，随着时间的推进，焦化用煤国内供需缺口持续扩大。但随着全球经济陷入金融危机，以及对于中国过于乐观的估计，全球焦化用煤产能的增加导致 2011 年以后供应大于需求的局面越来越明显。

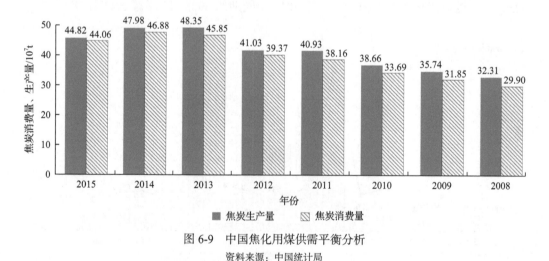

图 6-9 中国焦化用煤供需平衡分析

资料来源：中国统计局

中国焦化用煤查明储量占全球焦化用煤查明储量的 13.00%，但产量占比高达 52.00%，我国焦化用煤储量占全国煤炭总储量的 18.00%，产量占比高达 28.00%，表明中国焦化用煤资源过度开采严重。BP 世界能源统计年鉴的数据表明中国煤炭的储采比只有 35 年，远低于俄美德澳等国。炼焦配比要求焦精煤和肥精煤配比达 63.90%，但我国主焦煤和肥煤储量占比仅 36.40%，产量占比仅有 31.60%。钢铁生产企业投资建设高技术生产设备的意愿和能力不强，全国平均入炉焦比高位运行的情况将长期存续，焦煤资源的稀缺性将不断加剧。

中国是世界上最大的焦化用煤生产国和消费国，焦化用煤目前的需求增长情况主要受焦炭行业和钢铁行业的影响。钢铁行业是焦炭消费的主要用户，钢铁行业发展可以增加焦炭的需求量，进而增加焦化用煤的需求量。因此，钢铁行业和焦炭行业景气状况是影响焦化用煤需求的重要因素。

未来高炉生产对冶金焦的质量要求越来越高，对焦化用煤的配比要求也更加严格，强黏结性焦煤的占比有望达到 60.00% 以上。但是，我国优质焦化用煤的可采量正在不断萎缩。2016 年以来，在供给侧结构性改革政策的强力推动下，根据各省份和中央企业公布的煤矿关闭退出情况，2016 年煤炭行业实际完成去产能达 3.40 亿 t，其中炼焦煤矿关闭退出产能 1.12 亿 t；2017 年全国实际完成去产能达 1.77 亿 t，其中关闭退出炼焦煤产能 0.49 亿 t。2018~2020 年预计关闭退出炼焦煤产能 0.85 亿 t。受供给侧结构性改革、环保因素等影响，未来我国焦化用煤供应量将逐渐缩减。我国的焦化用煤产量不能满足下游企业的用煤需求，特别是对优质焦化用煤资源的需求。供需形势决定了我国市场对进口优质焦化用煤的需求长期存在。今后较长时期，中国将继续保持进口焦化用煤趋势（李丽英和郭煜东，2017）。

第四节　焦化用煤市场价格

一、国际焦化用煤价格

国际焦化用煤价格从 2008 年下跌至 2009 年的低点。随着各国实行积极的经济刺激政策，尤其是中国的 4 万亿元经济政策，2009 年下半年、2010 年上半年，焦化用煤价格上涨（曾节胜，2009）。2010 年下半年经济刺激政策进入尾声，焦化用煤价格有所回落，2011 年下半年，随着中国经济增速的放缓，焦化用煤需求放缓。而同时全球焦化用煤产能的增长较快，焦化用煤价格呈现震荡回落态势。

二、中国焦化用煤市场价格

中国焦化用煤价格和国际焦化用煤价格走势基本保持一致，但形态更为缓和。价格走势总体呈现在 2008 年达到峰值，之后快速下跌，在 2009 年到达波谷后反弹上涨，到 2011 年达到次峰值后震荡走低。

中国焦化用煤各产地价格不一，贵州、河北等地区价格最高，甘肃、安徽、黑龙江等地区价格次之，山西、山东、河南价格比较低，内蒙古的焦化用煤价格最便宜（图 6-10）。

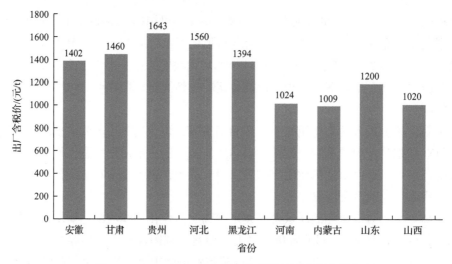

图 6-10　2018 年 12 月中国焦化用煤地区出厂含税价

从均价来看，焦化用煤中焦煤及气肥煤价格最高，肥煤价格次之，气煤价格较低，其他的配煤价格远高于动力煤（图 6-11）。

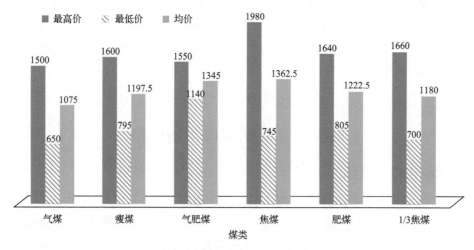

图 6-11　2018 年末中国焦化用煤分煤类价格（单位：元/t）

第五节　焦化用煤开采年限预测

一、全国焦化用煤开采年限预测

据统计，截至 2018 年我国焦化用煤保有资源量为 2688.09 亿 t，除气煤外，气肥煤保有资源量 115.42 亿 t、肥煤保有资源量 238.70 亿 t、1/3 焦煤保有资源量 129.59 亿 t、焦煤保有资源量 657.95 亿 t、瘦煤保有资源量 449.52 亿 t。进入 21 世纪以来，随着中国对钢铁需求的不断增长，钢铁生产消费进入高速发展阶段，许多优质焦化用煤资源富集地区对优质焦化用煤资源的开发利用强度不断加大，导致目前许多矿区已面临资源枯竭，有不少矿井已开始进行深部开采，地质灾害不断加大。

据中国煤炭资源网统计，2017 年全国焦化用煤原煤产量为 10.91 亿 t，其中气煤 3.42 亿 t、气肥煤 0.78 亿 t、肥煤 1.15 亿 t、1/3 焦煤 1.52 亿 t、焦煤 2.38 亿 t、瘦煤 0.74 亿 t、未分类煤 0.92 亿 t；气煤产量最大，约占 31.35%；其次为焦煤，约占 21.81%，1/3 焦煤约占 13.93%，肥煤约占 10.54%，如图 6-12 所示。

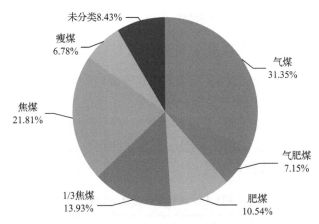

图 6-12　2017 年全国焦化用煤产量分煤类占比

图中各百分比加和不为 100% 是由于四舍五入

结合我国焦化用煤统计的资源量和 2017 年我国焦化用煤产量，对我国焦化用煤的开采年限进行预测，结果见表 6-4。可采年限公式如下（常毅军，2007）：

$$N = QC / P$$

式中，N 为开采年限；Q 为资源量；C 为煤炭资源平均采出率；P 为煤炭生产能力。

表 6-4　预测可采年限

煤种	焦化用煤	气煤	气肥煤	肥煤	1/3 焦煤	焦煤	瘦煤
保有资源量/亿 t	2688.09	938.77	115.42	238.70	129.59	657.95	449.52
生产量/亿 t	10.91	3.425	0.78	1.15	1.52	2.38	0.74
可采年限（45.00%）/年	111	124	67	93	38	124	273
可采年限（55.00%）/年	136	151	81	114	47	152	334

按我国煤炭资源平均采出率约为 45.00% 计算，预测我国焦化用煤资源总量及不同焦化煤类资源量的可采年限如表 6-4 所示：焦化用煤资源可采年限底线为 111 年，气煤可采年限底线为 124 年，气肥煤可采年限底线为 67 年，肥煤可采年限底线为 93 年，1/3 焦煤可采年限底线为 38 年，焦煤可采年限底线为 124 年，瘦煤可采年限底线为 273 年。但考虑以下几种情况，其可采年限还应大幅提高。

（1）2012年12月，国家公布了《特殊和稀缺煤类开发利用管理暂行规定》，如果按此规定执行，强黏结焦化用煤的采区回收率至少达到80.00%以上，则焦化用煤的中长期总资源平均采出率将可能提高到55.00%以上，焦化用煤可采年限底线也将达到136年。

（2）如果钢铁需求峰值2020年到来，2020年以后焦化用煤的需求量与产量将逐步减少，可采年限将大幅提高。随着未来新能源、新材料等替代产品研发成功，焦化用煤经济价值将逐步降低，直至失去其开采价值。

二、全国各焦化用煤主产区焦化用煤开采年限预测

（一）全国各省份焦化用煤产量变化情况

根据《中国煤炭工业年鉴2008》及中国煤炭资源网数据来看，从2008年和2017年主要焦化用煤生产省份焦化用煤产量变化情况看，山西、新疆、贵州的焦化用煤产量均呈较明显增长趋势，内蒙古、陕西、安徽的焦化用煤产量呈略微增长趋势，河北、辽宁、吉林、黑龙江、江苏、江西、河南、湖北、湖南、四川、云南、重庆、甘肃的焦化用煤产量均呈明显下降趋势，见表6-5。

表6-5　2008年及2017年中国主要焦化用煤生产省份焦化用煤产量及其变化情况

省份	2008年焦化用煤产量/万t	2017年焦化用煤产量/万t	平均增长率/(%/a)
山西	23989.46	45930.10	8.46
山东	12044.09	11722.70	−0.34
安徽	11241.62	11377.80	0.15
黑龙江	7590.83	4386.30	−6.63
河南	7582.36	4884.10	−5.35
河北	4991.2	3906.50	−3.02
贵州	4911.01	7686.00	5.76
云南	4068.43	1999.90	−8.49
四川	2999.24	1557.80	−7.86
陕西	1924.91	2288.80	2.19
内蒙古	1862.68	2163.10	1.89
重庆	1761.69	466.20	−15.31
江苏	1605.22	1278.50	−2.80
吉林	1359.97	519.70	−11.33
江西	1158.42	354.90	−13.75
辽宁	1068.31	790.90	−3.69
湖南	409.77	46.80	−23.75
新疆	390.32	2975.10	28.90

续表

省份	2008 年焦化用煤产量/万 t	2017 年焦化用煤产量/万 t	平均增长率/(%/a)
湖北	151.57	35.30	−16.65
甘肃	120.05	97.70	−2.54
广西	19.17	17.90	−0.85

资料来源：2008 年产量数据来自《中国煤炭工业年鉴 2008》，2017 年产量数据来自中国煤炭资源网。

（二）全国各省份焦化用煤开采年限预测

根据我国 2018 年主要焦化用煤生产省份焦化用煤资源的保有资源量，按照 2017 年焦化用煤产量进行计算，我国各主要焦化用煤生产省份的预测可采年限如表 6-6、图 6-13 所示。

表 6-6　中国主要焦化用煤生产省份焦化用煤可采年限预测

省份	保有资源量/亿 t	占全国焦化用煤保有资源量之比/%	2017 年焦化用煤产量/万 t	占全国焦化用煤产量之比/%	预测可采年限(45.00%)/年	预测可采年限(55.00%)/年
山西	1263.60	46.87	45930.10	42.10	124	151
山东	190.65	7.07	11722.70	10.74	73	89
安徽	293.21	10.88	11377.80	10.43	116	142
贵州	113.97	4.23	7686.00	7.04	67	82
河南	146.68	5.44	4884.10	4.48	135	165
黑龙江	205.69	7.63	4386.30	4.02	211	258
河北	127.12	4.72	3906.50	3.58	146	179
新疆	36.17	1.34	2975.10	2.73	55	67
陕西	123.92	4.60	2288.80	2.10	244	298
内蒙古	42.00	1.56	2163.10	1.98	87	107
云南	60.69	2.25	1999.90	1.83	137	167
四川	11.36	0.42	1557.80	1.43	33	40
江苏	3.37	0.13	1278.50	1.17	12	14
辽宁	6.90	0.26	790.90	0.72	39	48
吉林	4.85	0.18	519.70	0.48	42	51
重庆	18.02	0.67	466.20	0.43	174	213
江西	5.59	0.21	354.90	0.33	71	87
甘肃	5.26	0.20	97.70	0.09	242	296
湖南	5.97	0.22	46.80	0.04	574	702
湖北	1.34	0.05	35.30	0.03	171	209
广西	1.42	0.05	17.90	0.02	357	436

数据来源：2017 年产量数据来自中国煤炭资源网。

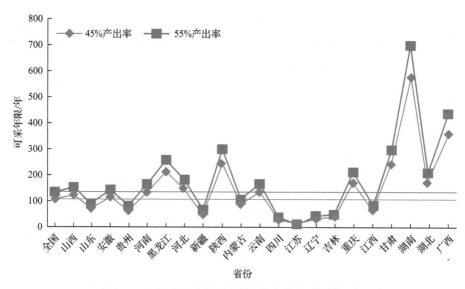

图 6-13 中国主要焦化用煤生产省份可采年限预测

结合全国焦化用煤可采年限预测的数据来看，在焦化用煤主要煤生产省份中，山西及安徽的预测结果与全国大体持平，差距不大，山东、贵州、新疆、内蒙古的预测可采年限则相对较短，而河南、黑龙江、河北、陕西和云南的预测可采年限明显高于全国；其他的省份中，四川、江苏、辽宁、吉林和江西的预测可采年限显著低于全国水平，尤其是江苏省，仅为 12～14 年，而重庆、甘肃、湖南、湖北和广西的预测可采年限则明显高于全国水平，尤其是湖南，达到了 574～702 年之久。这主要是受到各焦化用煤产区资源量和产量的影响(图 6-14)。

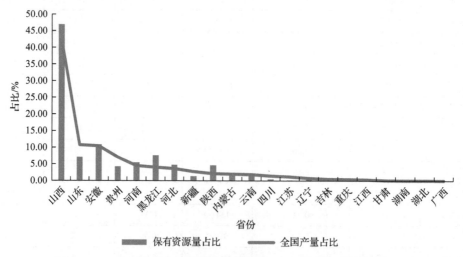

图 6-14 2017 年中国主要焦化用煤产区资源量与保有资源量情况对比

从 2017 年的数据来看，山西焦化用煤生产能力最大，为 4.59 亿 t/a，约占全国焦化用煤总生产能力的 42.10%。其次为山东、安徽、贵州、河南、黑龙江、河北、新疆、陕西、内蒙古和云南等省份。这些省份焦化用煤产量大概占到 2017 年全国产量的 91%，而这些省份的焦化用煤保有资源量则占到全国的 96.58%。总体上看，全国各主要焦化用煤生产省份的产能情况与其保有资源量大体持平，仅有个别省份如山东、贵州和新疆的产能占比明显大于其保有资源量，对其后续供给能力有一定影响。而黑龙江、陕西和云南的产能则相对较低，使得其预测可采年限明显增长，达到全国水平的两倍左右。

山西焦化用煤产量总体呈现缓慢上升趋势。山西焦化用煤的保有资源量和产量均占全国首位，不仅储量巨大，且各煤种齐全，同时具有良好的开发条件。但是以山西焦化用煤近年来的平均产量 4.60 亿 t，按照现有的开采率，其保有资源量仅能维持 124 年左右。

2017 年安徽焦化用煤产量比 2016 年呈现下降趋势，两个主要矿区中，淮南矿区以气煤为主，且其中灰分偏高，大部分作为动力煤进行洗选；淮北矿区以焦煤、1/3 焦煤和肥煤等稀缺焦化用煤为主，但其中尚未利用的资源量很少，同时由于其埋藏深度大，开采条件差，后续的开采潜力不大，按照目前的情况，焦化用煤的预测可采年限仅为 116 年。

贵州是我国华南赋煤区焦化用煤资源丰富的省份，焦煤、肥煤和瘦煤的占比高，煤质也较好，但是这一地区焦化用煤资源勘查程度低，而且煤层构造相对复杂，煤层瓦斯含量大，对建设大型矿井影响较大。根据目前的数据来看，其焦化用煤保有资源量仅能维持 67 年。

陕西焦化用煤主要为瘦煤，主要分布于吴堡、铜川、韩城、澄合、蒲白矿区，多作为炼焦配煤，且多为老矿区，受地质灾害影响较大，现阶段焦化用煤产量偏低，导致开采预测年限上升。

新疆煤炭资源丰富，但焦化用煤保有资源量不多，而且总体勘查程度较低，以目前的地质资料情况来看，新疆的焦化用煤资源中，焦煤和肥煤较少，以气煤为主。2017 年新疆气煤产量占其焦化用煤总产量的 77.00%（李丽英，2019）。

山东、河南、河北、内蒙古、辽宁、吉林和黑龙江等省份，由于开发历史较长，许多矿区资源面临枯竭，尚未开发资源量不大，且"三下"压覆资源较多，现有生产矿井的开采条件也逐渐趋于复杂，新建的矿井也主要开采深部资源，开采条件不好，这些省份的焦化用煤产能均已呈下降趋势；江苏、江西、湖北、湖南、四川、云南和重庆这些省份本身焦化用煤保有资源量较少，且分布零星、开采条件差、灾害严重，多是小煤矿开采，煤矿服务年限短，受近几年淘汰落后产能及供给侧结构性改革的影响，这些省份焦化用煤产量整体呈下降趋势,2016 年湖北炼焦精煤产量下降 40.00%,吉林下降 36.00%,江西下降 32.00%,重庆下降 30.00%,江苏下降 28.00%,湖南下降 23.00%,远高于全国 9.00%的原煤产量降幅，但由于这些省份都不是我国传统的焦化用煤产区，所占全国焦化用煤产量不超过 2.00%，其产能的大幅压缩引起的预测可采年限的增长并无实际意义。

第七章

问题与建议

第一节 存在问题

稀缺焦化用煤是指除气煤之外的所有焦化用煤，气煤在焦化用煤资源中占 46.95%，而气煤炼焦配比很小，因此焦化用煤的数据统计对我国实际炼焦产业的实用性不强。并且此前从未对焦化用煤资源量情况进行调查，本书对焦化用煤资源现状、分布范围、资源量及构成等方面调查分析，发现如下问题。

（一）焦化用煤资源总量不足，分布不均

我国煤炭资源丰富，但焦化用煤资源所占的比例并不高，截至 2016 年末，全国煤炭查明资源量 16667.30 亿 t，其中焦化用煤 3095.67 亿 t，占全国煤炭查明资源量的 18.57%。煤炭资源分布广泛但极不均衡，81.73%的稀缺焦化用煤资源量分布于华北赋煤区。其中 92.36%的焦煤资源分布于山西、河北、贵州、河南、陕西、黑龙江、安徽、云南和内蒙古等省份，其中山西稀缺焦化用煤保有资源量最多，约 789.60 亿 t，占全国稀缺焦化用煤总量的 44.96%。

（二）焦化用煤开发利用法律政策欠缺，监督管理体系不完善

焦化用煤是制约我国经济发展的重要煤炭资源种类，目前还未颁布相应的法律政策来规范其开发利用，需解决多年来一直存在的超比例开采、资源采出率较低、产能比重大于资源量比重、部分焦化用煤作为动力煤使用、优质焦化用煤供应不足等问题。

（三）开发秩序混乱，焦化用煤开发没有合理规划，难以保证焦化用煤产业可持续发展

焦化用煤主要生产基地绝大部分已开发或即将开发，2020 年后可供开发的大型焦化

用煤生产基地所剩无几。我国焦化用煤资源总量预计还能开采 111 年，但按占用率最高的 1/3 焦煤计算，1/3 焦煤的预计开采年限为 38 年，目前缺乏对焦化用煤的总产量和各焦化用煤类产量的合理控制，产能增速过快，焦化用煤产业的可持续发展存在危机。

（四）焦化用煤利用不合理，资源严重浪费

长期以来，焦化用煤资源并未得到充分利用，相当一部分焦化用煤被当作动力煤使用，真正经过洗选作为焦化用煤利用的大致为 1/3，再考虑到占总量 15.00%左右的难洗选、高硫焦化用煤只能作为动力煤使用，全国有半数左右的稀缺焦化用煤没有发挥其应有作用。并且由于焦炉装备水平低，不注重科学配煤方法炼焦，焦煤和肥煤消耗量大，浪费了大量的稀缺资源。在国际国内焦炭价格大幅度上升的高利润率驱使下，有的焦炭生产企业开足马力生产，为了多出焦炭而忽视炉制煤气、煤焦油和粗苯等资源的回收，大量煤化工产品原料被浪费。

第二节　建　议

从长远发展考虑，要保障焦化用煤经济的可持续发展，必须加强焦化用煤资源规划与管理，坚持宏观调控与市场机制相结合的原则，提高焦化用煤资源保障能力；加强焦化用煤生产总量控制，建立焦化用煤产业准入体系；建立焦化用煤资源保护性开发机制，坚持开发与保护并重，开源与节约并举。具体的焦化用煤资源开发利用建议如下。

（一）加强煤炭资源规划与管理，建立焦化用煤资源宏观配置机制与保证体系

1. 制定焦化用煤资源保护规划

规划是反映宏观经济、行业及微观主体等在特定领域的发展目标与思路、程序与内容、政策与措施等所有重大方面的综合性概括。科学地制定焦化用煤资源保护规划，是保护和合理开发焦化用煤资源，促进山西能源经济快速持续发展的重要措施之一。

规划要合理划分不同的规划区，明确焦化用煤资源开发利用的空间布局和时序；明确勘查、保护和储备的范围，进一步划分出可采区、限采区和禁采区；明确稀缺煤种是焦煤、肥煤、1/3 焦煤和气肥煤，并将其作为重点保护与储备煤种。

科学地调控开发利用总量，控制稀缺煤种开采总量和采矿权投放总量。

制定规划实施的保障措施，要建立完善的监督机制和责任考核体系，实行奖惩机制和考核评估措施。

2. 建立焦化用煤资源战略储备制度，实行战略储备补偿机制

煤炭是我国的基础能源，我国能源的自然禀赋条件决定了今后相当一段时期内，煤炭在我国一次能源结构中仍占主体地位。为了保障中国焦化工业的持续健康发展，储备

充分的焦化用煤资源是十分必要的。对焦化用煤资源战略储备制度提出以下几点建议：

(1)加大炼焦资源勘探，增加焦化用煤资源储量，提高焦化用煤资源的保障能力；

(2)明确实行战略储备的煤种，制定储备方案，划定储备区；

(3)建立与焦化用煤资源战略储备相应的管理措施及法规政策；

(4)开发国外焦化用煤资源，实施"两种资源、两个市场"战略，限制焦化用煤出口。

焦化用煤资源储备区由于推迟煤炭资源的开发，对当前的利益和长远的经济发展带来一定影响。国家应当制定政策和措施，给予储备区一定的补偿，使煤炭储备区和煤炭开发区同步发展，共同建设和谐社会。补偿应当采取以经济手段为主，以行政管理手段为辅的方式。主要做法是政府在焦化用煤资源战略储备区投资基础建设和给以一定的财税优惠政策，改善当地的投资环境，引导和鼓励社会在储备区投资非煤产业，增加当地人民的就业机会，促进经济繁荣，使储备区人民同开发区人民共同富裕起来。在发展经济的同时，政府要为储备区人民提供一定的社保、医疗、教育等方面的补助，使当地人民生活水平、文化素质不断提高，并为长远的利益而自觉保护资源不被破坏。

实行焦化用煤资源储备补偿机制是一种资源共享的理念，它反映了公平性原则与和谐原则。在资源的开发利用上要实行持续性原则，首先实行公平性原则与和谐原则，只有实现代内公平、和谐发展，才能实现代际公平与持续发展，这一理念是本次研究中首次提出的，是能源发展理论的一个新认识、新进展。

3. 加强矿业权管理，从严焦化用煤资源矿业权审批

焦煤和肥煤等稀缺煤种的矿业权设置，由省级自然资源部门组织编制，报自然资源部审批后实施，矿业权设置方案未经批准，不得新设置矿业权。国土资源部门根据国民经济发展的需要，对特殊煤种矿业权的设置实行总量控制，有计划分批次设置矿业权。对国家规划矿区内的煤炭资源，凡未经国家批准开发规划和矿业权设置方案的，一律不得办理矿业权审批，保证矿区井田科学划分和合理开发，形成有利于保护和节约煤炭资源的开发秩序。要严格焦化用煤矿业权的审批，建议焦化用煤矿业权审批由省级自然资源部门审核后上报自然资源部最终审批。增强中央政府对焦化用煤资源勘查、开采的宏观调控能力，坚决纠正越权发证、大矿小开、分割出让的违规行为。

焦化用煤资源的出让要根据国家大型煤炭基地建设的需要，优先保证国有大型煤炭企业老井接替和后备资源充足。鼓励大型煤炭企业优先取得焦化用煤资源探矿权和采矿权，兼并重组，联合改造开采焦化用煤的中小型煤矿。

城镇规划和建设项目等应当充分考虑避开稀缺煤种矿区，凡压覆稀缺煤种资源储量在 5000 万 t 以上的，建设项目除国家特殊规定的以外，不予批复；压覆稀缺煤种资源储量 5000 万 t 以下的，按照国家有关规定报批同意后方可建设。

(二)强化焦化用煤生产及销售中的监督管理，合理开发和利用焦化用煤资源

1)整顿和规范煤炭开发秩序，坚决取缔非法开采

建设煤矿必须按照有关程序办理审批手续，要进行探矿权和采矿权审批、项目批准、

生产许可、安全许可、环境审批、企业设立等。整顿和规范煤炭开发秩序，坚决取缔非法开采、肆意破坏煤炭资源的行为，依法维护煤炭资源使用者的合法权益。修订煤矿设计规范，严格规定开采顺序、开采方法和开发强度，禁止越层、越界开采和私挖乱采。

2）建立行业准入体系，提高准入标准

建立行业准入体系，既要符合政策，具有完善的标准，也要具有动态性、可控性和可靠性。全面的行业准入体系包括三个方面：一是项目准入；二是生产准入；三是产品市场准入。

3）加强焦化用煤和焦炭生产总量控制，对稀缺煤种和焦炭实行销售许可证管理制度

焦化用煤产业作为宏观经济的组成部分，其总量平衡与产业发展的关系服从于宏观经济规律，处理好总量平衡与产业发展的关系是产业持续发展的核心。只有供需总量基本平衡，才能保持市场稳定，价格合理，节约资源，保护环境，集约增长，优化产业结构，促进产业持续健康发展。

4）加强煤炭生产矿井资源储量的管理，提高焦化用煤资源回采率

加强煤炭生产矿井资源储量管理。修订煤炭资源采区回采率标准；对焦化用煤资源回采率实行年度核查；建立煤矿资源储量测量机构，实行动态监管；建立各种激励约束机制，提高焦化用煤资源回采率，促进煤炭生产企业保护与节约煤炭资源。

5）加强对中小煤矿采煤方法的改革，鼓励开采薄煤层和难采煤层

加强对中小煤矿以综采、壁式开采为重点的方法改革，新建井和改扩建的矿井都必须做到正规开采，适宜综合机械化采煤的矿井要上综采，薄煤层要上刨煤机。机械化水平应达到80%以上，采区回采率要达到规范要求。由于薄煤层开采难度大，成本高，一些煤炭生产企业不重视薄煤层和难采煤层的开采，造成了煤炭资源的浪费，对于优质焦化用煤来讲，尤其可惜。因此，政府应制定优惠政策鼓励煤炭生产企业开采薄煤层和难采煤层，如适当减少矿产资源补费征收等。

（三）大力发展煤炭循环经济，提高焦化用煤资源综合利用率

发展循环经济是建设资源节约型、环境友好型社会的重要途径。煤炭行业是基础能源产业，发展循环经济尤为必要。按照"资源循环利用，企业循环生产，产业循环组合"的要求和污染物"减量化、资源化和再利用"的原则发展循环经济。煤炭产业要进一步提高产业集中度，继续推进资源整合，打击非法煤矿、整合淘汰小煤矿、扶持培育大型煤矿企业，向集团化、集约化方向发展，合理开发利用资源；实行产业升级，大力发展煤电、煤化工、煤焦化等延伸产业；要以循环利用为核心，全面提高原煤入洗率、尾矿水利用率、煤层气、煤矸石以及粉煤灰的综合利用程度，充分开发利用煤炭共伴生资源，实现资源价值最大化，将资源优势变为经济优势，并将化学副产品回收加工作为焦化发展的重点。提升焦炉装备、工艺水平，加大化产回收设施改造力度，同时加强宏观调控，统筹规划，合理布局，推进焦油、粗苯、焦炉煤气等焦炭化学副产品的全部回收和集中加工转化，提高焦化资源回收和综合利用水平。

（四）加大焦化用煤资源勘探力度，提高焦化用煤资源保障能力

1）加大焦化用煤资源勘探力度，增加焦化用煤资源储量

我国焦化用煤开采强度大，近年来储采比明显下降，尤其低硫优质焦化用煤资源已十分匮乏，迫切需要加大勘探力度，重点做好大型煤炭基地资源勘查工作，增加焦化用煤资源量。进一步加强焦化用煤资源地质勘查工作，为老矿井的延伸和接替提供后备资源，为矿区规划和新井建设提供详查和精查资源储量。

2）加强焦化用煤矿区地质精细勘查，为煤矿高效集约化开采提供地质保障

我国大型煤矿的高效集约化开采，对地质勘查的精度要求越来越高，现有的以钻探为主体的煤炭资源勘探方法已经落后，急需实施地质勘查创新工程。研究和引进地质勘查新技术、新方法，研究高产高效地质保障技术，实现对矿井开采地质条件综合评价和量化预测；发展各种复杂条件下的三维地震勘探技术、电阻率影像、三维可视化综合分析技术和电、核、声成像测井技术等，总之采用先进技术进行精细勘查，为高效集约化开采提供地质保障，减少开采损失量，最大程度地提高矿井回采率，避免焦化用煤资源的损失。

（五）制定和完善有利于保护与节约焦化用煤资源的地方法规和技术标准体系

1）制定与完善焦化用煤资源保护与节约的地方法规

世界经济发达国家的经验表明，完备的法律法规制度、完善的标准体系和良好的监督管理机制，是建设节约型社会、发展循环经济的重要基础。因此，要建立和完善有利于焦化用煤资源保护与节约的地方法规和促进循环经济发展的标准体系。

2）制定焦化用煤开发利用技术经济指标和评价考核制度

采用科学的方法综合评价煤炭开发利用企业开发利用的水平。按技术可行、经济合理的要求，评价、监督煤炭开发利用企业综合利用工作。加快研究制定焦化用煤资源生产率、焦化用煤资源消耗降低率、焦化用煤资源回收率、焦化用煤资源循环利用率、废弃物最终处置降低率等指标。

逐步把焦化用煤资源节约、综合开发利用等方面的指标纳入干部考核和政府绩效评估体系。建立和完善焦化用煤资源综合利用的评价方法和考核制度；探索建立焦化用煤资源综合利用申报认定制度；完善焦化用煤资源综合开发利用情况统计、公报制度和问责制度。

3）在焦化用煤资源保护法规中，加强经济手段的作用

提高焦化用煤资源回采率和综合利用率是保护与节约焦化用煤资源的重要手段之一。制定焦化用煤资源回采率标准和综合利用率标准，建立相应的监督考核制度，成立专门机构向焦化用煤生产企业和加工利用企业征收回采率与综合利用率保证金，实行企业所有、专款专用、专户储存、政府监管的管理办法。对于达到回采率标准和综合利用率标

准的返回保证金，达不到标准的不予返还。采用此方法有利于促进企业提高资源回采率，减少资源浪费，有利于生产企业发展循环经济，提高资源综合利用率。

4)加强法治建设和执法力度，提高公民节约焦化用煤资源和环保的意识

要不断加大对焦化用煤资源节约和利用的监督管理力度，加强各级政府焦化用煤资源保护与节约管理机构建设，建立和完善全省焦化用煤资源节约和合理利用的相关管理制度。依法管理焦化用煤资源，加强执法队伍建设，提高管理人员的责任性和政策水平，做到严格、公正、文明执法。开展法制宣传教育，弘扬法制精神，形成自觉学法、守法、用法的社会气氛。通过有效的宣传教育，引导人们自觉珍惜和节约资源，有意识地变废为宝，化害为利，提高资源的综合利用率，减少环境污染。

第八章

焦化用煤保护性开发区

第一节　划分必要性

根据焦化用煤资源在我国的分布情况，为了统筹安排焦化用煤重点资源区勘查开发，提高焦化用煤的资源保障程度，优化能源开发结构，减少资源浪费，提高资源回采率，延长重点资源区焦化用煤产地的服务年限，保证我国焦化用煤炭资源的可持续协调发展，"稀缺和特殊煤炭资源调查"项目组对焦化用煤分布的主要地区进行了保护性开发区的划定。划定焦化用煤保护性开发区的目的如下。

(一)统筹焦化用煤炭资源勘查开发合理布局，提高资源保障能力

我国煤炭资源相对丰富，但是焦化用煤炭资源不足，传统地大物博的认识造成了我国煤炭资源特别是焦化用煤资源的极大浪费。根据第三次全国煤田预测资料，除台湾地区外，我国垂深 2000m 以浅煤炭资源总量为 55697.50 亿 t。截至 2015 年末，我国煤炭探明保有资源量 15663.10 亿 t；其中，焦化用煤保有查明资源量 2961.00 亿 t，占全国煤炭资源保有资源量的 18.90%，目前绝大多数的焦化用煤矿区都已经处于开采阶段，由于受经济利益、产业规划等方面的影响，多数的焦化用煤并没有发挥出其最大的应用价值。

目前我国焦化用煤炭资源量严重不足，而这些资源在国民经济发展中占有重要的战略地位，因此急需统筹规划，合理布局，提高资源保障能力。

(二)加强我国东部及南方地区焦化用煤炭资源勘查，保障焦化用煤炭资源产业发展的需要

我国焦化用煤炭资源分布极不平衡，稀缺焦化用煤主要位于山西、河北、贵州、河南、陕西、黑龙江、安徽、云南、内蒙古、青海等省份，资源量约为 1654.3 亿 t，占稀

缺焦化用煤总量的 94.1%。从地域分布来看，我国南方和东部地区经济较发达、焦化用煤炭消费量较大，但供给量严重不足，造成了北煤南运、西煤东运的态势。因此，加强我国东部与南方地区的资源勘查力度，是保证我国焦化用煤炭资源可持续利用的基础。

（三）提高我国焦化用煤炭资源的回收率，保证资源的合理利用

煤炭矿产资源是非再生性的资源，煤炭资源的开发与综合利用密不可分，是统一的整体。但随着国民经济的高速发展，在此一定时期内，对煤炭的需要的比重有所减少，但总量仍然较大。目前我国煤炭资源总回收率低（总回收率仅 30.00%左右，不足世界先进水平的一半）、综合利用指数低、二次资源利用率低等问题严重。焦化用煤严重浪费未引起足够的重视，浪费了宝贵的稀缺资源。

因此，加强焦化用煤炭资源的开发利用规划，做到物尽所能，是目前我国稀缺炼焦资源开发利用亟待解决的问题，是实现国民经济协调发展的前提与保证。

第二节　划 分 原 则

（一）资源规模

稀缺焦化用煤保护性开发区以矿区/煤田作为区划级别，矿区/煤田保有资源量应不低于 10.00 亿 t，以保障稀缺焦化用煤的保护性开采和规模化利用。

（二）煤类

对于不同的稀缺焦化用煤煤类设定保护性开发资源量，以保障各煤类均衡的供需关系及可持续利用。

（三）区域位置

划分稀缺焦化用煤保护性开发区应考虑区域位置，保障各区域稀缺焦化用煤保护性开发资源量，减轻资源及其相关产品的区域性调动压力。

（四）利用条件

划分稀缺焦化用煤重点资源区要考虑利用环境条件，如区域发电需求、运输条件等客观外在条件，保护性开发利用稀缺焦化用煤，同时兼顾矿区和社会需求。

第三节　保护性开发区简介

根据焦化用煤划分原则，划定了 16 个焦化用煤保护性开发区（表 8-1）：山西霍州、西山古交、沁源、乡宁、离柳矿区，河北平原含煤区、开平矿区，河南平顶山矿区，安

徽临涣、涡阳矿区，黑龙江鹤岗、鸡西矿区，内蒙古桌子山矿区，贵州六盘水煤田，宁夏横城矿区，青海木里煤田。

表 8-1　焦化用煤保护性开发区保有资源量　　　　　　（单位：亿 t）

矿区/煤田	QF	FM	1/3JM	JM	SM	未分类	合计
平原含煤区	91.16	0.87		48.25			140.28
乡宁矿区		3.20		55.60	66.10		124.90
六盘水煤田		17.93		50.14	41.60	13.35	123.02
西山古交矿区		10.10		68.20	44.60		122.90
离柳矿区		23.70	25.00	70.10			118.80
霍州矿区	9.00	50.90	11.20	25.60	4.10		100.80
平顶山矿区	0.01	0.55	4.68	36.67	19.04		60.95
桌子山矿区		23.84	13.83	7.96			45.63
木里煤田				31.39			31.39
沁源矿区		0.15		21.89	16.46		38.50
临涣矿区		3.86		0.47		25.39	29.72
开平矿区		21.97	3.71		2.02		27.70
涡阳矿区		1.51	11.59	1.13		11.07	25.30
鸡西矿区	0.13			10.49	0.18	6.93	17.73
鹤岗矿区						13.29	13.29
横城矿区						11.46	11.46
合计	100.30	158.58	70.01	427.89	194.10	81.49	1032.37
全国	115.42	238.70	129.59	657.95	449.52	165.24	1756.42
比例/%	86.90	66.43	54.02	65.03	43.18	49.32	58.78

　　焦化用煤保护性开发区保有资源总量为 1032.37 亿 t，占全国焦化用煤保有资源量的 58.78%，保护性开发区各焦化用煤类保有资源量及其占全国该焦化用煤类保有资源量的比例如下：气肥煤（QF）100.30 亿 t（86.90%）、肥煤（FM）158.58 亿 t（66.43%）、1/3 焦煤（1/3JM）70.01 亿 t（54.02%）、焦煤（JM）427.89 亿 t（65.03%）、瘦煤（SM）194.10 亿 t（43.18%）。

　　各焦化用煤保护性开发区的焦化用煤类及其资源量各不相同，各焦化用煤类主要的保护性开发区如下：

　　气肥煤（QF）：平原含煤区、霍州矿区；

　　肥煤（FM）：霍州矿区、桌子山矿区、离柳矿区、开平矿区、六盘水煤田；

　　1/3 焦煤（1/3JM）：离柳矿区、桌子山矿区、涡阳矿区、霍州矿区、平顶山矿区；

　　焦煤（JM）：离柳矿区、西山古交矿区、乡宁矿区、六盘水煤田、平原含煤区、平顶山矿区、木里煤田、霍州矿区、沁源矿区；

瘦煤(SM)：乡宁矿区、西山古交矿区、六盘水煤田、平顶山矿区、沁源矿区。

(一)乡宁矿区

乡宁矿区位于山西西部偏南，吕梁山以西，河东煤田南部。西界为黄河，东界为离石断裂带，南界为煤层露头线，北与石楼—隰县矿区相接。南北长 80.00～100.00km，东西宽约 68.0km，面积 5391.00km^2。矿区位于河东煤田南部，吕梁山隆起带与紫荆山断裂带以西。矿区内部未发现断裂构造，矿区总体构造形态为一走向近南北、向西倾的单斜。地层倾角平缓，大部分地段倾角在 10°以下，未发现褶曲构造。总体上属构造简单类型。矿区内主要含煤地层为下二叠统山西组(P_1s)和上石炭统太原组(C_3t)。煤系地层平均总厚 161.26m，共含煤 13 层。其中山西组平均厚度 47.16m，含煤 6 层，煤层平均厚度 5.46m，含煤系数 11.58%，仅 2 号煤层为稳定可采煤层，其余为局部可采或无开采价值。太原组平均厚度 92.10m，含煤 7 层，煤层平均厚度 7.17m，含煤系数 7.79%，其中 9 号、10 号煤层为稳定可采煤层。矿区向西随煤层埋深的加大，煤的变质程度逐渐增高，逐渐过渡为瘦煤甚至贫煤。煤炭资源保有资源量为 154.20 亿 t，焦化用煤资源量达到 124.90 亿 t，其中焦煤 55.60 亿 t、瘦煤 66.10 亿 t、肥煤 3.20 亿 t，矿区焦煤和瘦煤保有资源量分别占全国资源量的 8.45%和 14.70%，乡宁矿区是我国焦煤和瘦煤的主要保护性开发区。

(二)六盘水煤田

六盘水煤田位于贵州西部，地处扬子板块黔南拗陷六盘水断拗，北东和南东分别以紫云—垭都断裂和潘家庄断裂为界。煤田以隔档式褶皱为主，其展布方向及形态特征有北西向褶皱、北东向褶皱、短轴式褶皱。主要含煤地层为上二叠统长兴组(汪家寨组)和龙潭组，含煤地层厚 220.00～543.00m，厚度由西向东变厚。含煤地层出露面积为 1372.33km^2，含煤 5～104 层，含煤总厚 6.00～53.51m，含可采煤层 1～27 层，可采总厚 3.00～24.92m。煤田内煤类齐全，西部和北部以焦化用煤为主，东部和南部以非焦化用煤为主。煤的变质程度一般由西向东呈带状逐渐增高，局部地段煤的变质程度较复杂，有多种煤类出现。煤炭保有资源量 248.30 亿 t，焦化用煤保有资源量 123.02 亿 t，其中肥煤 17.93 亿 t、焦煤 50.14 亿 t、瘦煤 41.60 亿 t，是贵州最大的稀缺焦化用煤生产基地。六盘水煤田是我国肥煤、焦煤和瘦煤主要保护区。

(三)西山古交矿区

西山古交矿区位于山西中部，太原汾河西侧。该区位于祁吕弧形构造东翼外带部位，在大地构造单元上处于中朝准地台山西断隆的中部，北部紧邻盂县—阳曲东西褶断带，东南邻挽近地槽、太原盆地及沁水拗陷，西为吕梁隆起，是西山煤田的一部分。主要含煤地层为石炭系太原组和二叠系山西组，含煤面积 1779.00km^2，共含煤 17 层，其中可采或局部可采 6～8 层，总厚度 16.00～18.00m，含煤系数 11.00%，煤层赋存平稳，倾角一般为 2°～7°。上部山西组 2#煤层为主要可采煤层，煤层厚度 0.10～5.98m，平均 2.90m；下部太原组 8#煤层厚度为 1.15～6.01m，平均 3.68m；9#煤层厚度为 0.20～5.55m，平均 1.75m，兼有中灰、低-中高硫、高热值炼焦用肥煤、焦煤、瘦煤及动力用贫煤、无烟煤。煤炭保有资源量 207.50 亿 t，焦化用煤保有资源量达到 122.90 亿 t，其中优质的肥煤 10.10 亿 t、焦煤 68.20 亿 t、瘦煤 44.60 亿 t，矿区的瘦煤资源占全国瘦煤资源量的 9.92%，焦煤资源占全国焦煤资源的 10.37%，肥煤资源占全国肥煤资源的 4.23%。矿区肥煤生产矿井所占资源量为 92.50%、焦煤和瘦煤生产矿井所占资源量都达到 62.30% 和 40.60%。西山古交矿区是瘦煤和焦煤的主要保护区。

（四）离柳矿区

离柳矿区位于山西西部河东煤田中段，在吕梁地区的离石、柳林、中阳等境内。矿区分为离石、柳林两个区，总面积 1640.00km²。矿区地处吕梁山隆起西翼，总体上为一走向南北、向西倾斜的单斜构造，但次一级王家会隆起又把它分割为离石、柳林两个区。东部离石区为一狭长的离石中阳向斜，地层倾角西陡（地层倾角＞30°）东缓（＜10°）；西部柳林区为一宽缓的单斜构造，地层倾角一般 5°～10°。区内主要含煤地层为上石炭统太原组和下二叠统山西组，共含煤 10～13 层，编号自上而下为 1～13 号，总厚度为 17.75m，主要可采煤层 5 层。煤类以焦煤为主，肥煤、瘦煤次之，煤的变质程度自上而下逐步加深。4 号、5 号煤层属特低硫、低硫、中灰煤，8 号、9 号、10 号为低硫、中灰煤。区内煤层赋存较浅，倾角较小，开采条件有利。煤炭保有资源储量 190.60 亿 t，焦化用煤保有资源量 118.80 亿 t，其中肥煤 23.70 亿 t、1/3 焦煤 25.00 亿 t、焦煤 70.10 亿 t，矿区焦煤保有资源量占全国的 10.65%，肥煤保有资源量占全国的 9.93%、1/3 焦煤保有资源量占全国的 19.29%，是我国肥煤、焦煤和 1/3 焦煤的主要保护区。

（五）霍州矿区

霍州矿区位于山西省西南部，位于吕梁复背斜和霍山背斜之间的汾河断陷盆地内，北部为太原盆地南缘，南部属临汾盆地北部。区内以断裂构造为主，其次为宽缓褶曲。地层倾角一般在 10°左右。以走向北北东和北东向的断层构成骨架，其次有北西向和北东向断层组。总观全区西部构造简单，东部构造较为复杂。主要含煤地层为石炭系太原组和二叠系山西组，山西组主要为 1 号、2 号煤层，太原组主要为 6 号、9 号、10 号煤层，煤层结构简单，均属较稳定煤层，平均厚度 11.04m。煤类主要为肥煤、焦煤、气煤、瘦煤等，煤炭保有资源量为 118.80 亿 t，焦化用煤保有资源量达到 100.80 亿 t，其中 1/3 焦煤 11.20 亿 t、肥煤 50.90 亿 t、焦煤 25.60 亿 t、气肥煤 9.00 亿 t、瘦煤 4.10 亿 t。矿区的肥煤资源占全国肥煤资源的 21.32%，1/3 焦煤资源占全国 1/3 焦煤资源的 8.64%，焦煤资源占全国焦煤资源的 3.89%，瘦煤资源占全国瘦煤资源的 0.91%，气肥煤资源占全国气肥煤资源的 7.80%。矿区肥煤、焦煤和瘦煤生产矿井所占资源量都达到 50.00% 以上。矿区作为各焦化用煤类的主要保护区，尤其是作为全国性主要肥煤生产矿区，必须对其焦化用煤进行保护性开采，控制产量和利用途径，做到合理开采和利用。

（六）平顶山矿区

平顶山矿区位于河南中部，含平顶山煤田、汝州煤田和禹州煤田，属华北聚煤区豫西煤田的一部分，含煤面积约 2951.00km²。矿区属于华北晚古生代聚煤盆地的一部分，大地构造处于华北板块的南缘，属华北板块区崤熊构造区北区陕(县)—平(顶山)断陷区。整个矿区为四周下降、中间凸起的一个独立断块隆起构造单元。矿区构造线与区域构造线一致，整体走向北西，构造形态以宽缓褶皱和高角度走向正断层发育为特征。地层走向一般为 300°～330°，倾角一般为 10°～25°，局部地段倾角较陡，高达 45°以上。主要可采煤层赋存于下石盒子组和山西组，煤质优良，煤层稳定，构造简单，水文地质条件和其他开采技术条件亦不太复杂。煤炭保有资源储量 136.65 亿 t，稀缺焦化用煤保有资源量 60.95 亿 t，其中焦煤 36.67 亿 t、1/3 焦煤 4.68 亿 t、瘦煤 19.04 亿 t，分别占全国保有资源量的 5.57%、3.61%、4.24%。

（七）桌子山矿区

桌子山矿区位于内蒙古西部，西邻乌达矿区，西南以内蒙古—宁夏界为限，东以桌子山东麓大断裂为界。大地构造属华北地台、鄂尔多斯凹陷带、桌子山褶断枢之中南部。矿区南北长约 192.00km，东西宽约 290.00km，面积约 1930.00km²。区内主要构造线方向近南北向，以压扭性构造为主。次一级构造线则呈东西向展布，以张性构造为主。桌子山煤田为一背斜构造，轴向近南北，东翼构造较西翼复杂，地层倾角多在 25°以上，断层较发育且逆断层较多，西翼地层倾角一般都是 10°～25°，断层多为正断层且走向多为东、西与地层走向正交或斜交。主要可采煤层为上石炭统—下二叠统太原组(C_2—P_1t)和中—下二叠统山西组($P_{1-2}s$)的 9 号和 16 号煤层。煤类以肥煤为主，有焦煤和 1/3 焦煤，其变化规律为北肥、南焦。煤的显微煤岩类型属微镜惰煤，丝质类含量较高，南部属于特低灰、特低硫、特低磷、中—高发热量的优质煤。焦化用煤保有资源量 45.63 亿 t，其中焦煤 7.96 亿 t、1/3 焦煤 13.83 亿 t、肥煤 23.84 亿 t。煤炭储量丰富，煤质优良，煤层稳定，开采条件良好，是鄂尔多斯聚煤区内最有发展前景的稀缺焦化用煤大型矿区。桌子山矿区 1/3 焦煤和肥煤保有资源量分别占全国保有资源量的 10.67% 和 9.99%，是肥煤和 1/3 焦煤主要保护区。

（八）木里煤田

木里煤田位于青海北部的中祁连大通河流域上游盆地内，大地构造上属中祁连断隆带的一部分，总体是中祁连大通河流域上游的一个拗陷带，受南部大通山北缘和北部托莱山(即中祁连北缘缝合带)对冲断裂组的制约。区内发育有两组断裂，一组呈北西—南东向，另一组走向近南北并且切割前一组断裂，受其影响区内两组共轭节理十分发育。受多次叠加构造运动的影响地热异常及近代温泉活动，对木里煤田中高变质焦化用煤的形成具有重要的影响作用。区内三叠系、第四纪系大面积出露，主要含煤地层为中侏罗系，含煤面积达 600.85km²。中侏罗统木里组是该区最主要的含煤地层，在木里煤田发育下 2 和下 1 两层厚煤层，平均厚度在 20.00m 以上。均属特低灰、中、高挥发分、特低硫、特低磷、弱黏结—强黏结的特高热值煤，以焦煤(浅—中部)、贫瘦煤(中深部)为主，含少量 1/2 中黏煤、1/3 焦煤、弱黏煤、不黏煤、气煤和贫煤，煤质变化较大，但总体上还是属于焦化用煤。煤炭保有资源量 34.15 亿 t，其中焦煤 31.39 亿 t，另有预测资源量 105.83 亿 t，是西北地区最大的稀缺焦化用煤基地。木里煤田是我国焦煤主要保护区。

(九)沁源矿区

沁源矿区位于沁水煤田中西部，行政区划大部在沁源境内和古县东部、安泽西北部。西以煤露头线为界，东与潞安矿区相接，北与平遥矿区相接，南与安泽矿区和襄汾矿区相接，面积 2761.00km²。矿区位于霍山隆起的东翼，沁水煤田的西缘。北部大致走向南北，向东倾斜，南部走向北东，向南东倾斜，中部呈走向南北转北东，向盆地中心倾斜的单斜构造。地层倾角一般在 5°～15°。次一级构造多为成对且平行展布的波状起伏和走向北东东向的较大断层。展布较长的波状起伏总的走向为北北东和南北向两组褶曲。主要含煤地层为石炭系—二叠系太原组和山西组，太原组共含可采煤 8 层，煤层总厚 7.12m；山西组共含煤 3 层，煤层总厚 1.97m，煤层发育较稳定—稳定，以中高煤级煤为主，煤类有焦煤、瘦煤、贫瘦煤、贫煤、无烟煤，属于中—中高灰、特低—中硫、高发热量煤。煤炭保有资源储量 76.90 亿 t，焦化用煤保有资源量达到 38.50 亿 t。矿区内稀缺炼焦用以焦煤和瘦煤为主，其中焦煤 21.89 亿 t、瘦煤 16.46 亿 t，矿区焦煤占全国焦煤资源的 3.33%，瘦煤占全国瘦煤资源的 3.66%。矿区焦煤预查程度和生产矿井所占资源量分别为 56.20% 和 36.40%，瘦煤生产矿井、详查和普查程度所占资源量都分别为 34.00%、27.40%和 38.60%。

(十)临涣矿区

临涣矿区位于淮北煤田南部之中部，是淮北煤田的主要赋煤地带。行政区划属于濉溪、涡阳和蒙城三县，矿区面积约 1600.00km²。自石炭纪—二叠纪以来，该区经受了多次构造运动。在早期形成的徐淮拗陷的基础上发育大量断裂构造，这些断裂共同构成了矿区的基本构造格架。含煤地层为二叠系，山西组、上石盒子组均含有可采煤层，共计有 11 个煤层(组)，共含煤 9～25 层，其中可采和局部可采者为 6～9 层，可采总厚度为 9.07～13.94m，其中 13-1、6-2、5-1、1 煤在全区比较稳定，是主采煤层。区内各煤层以低中变质煤为主，多为 1/3 焦煤，其次为无烟煤、焦煤和肥煤，少量为瘦煤、贫煤等高变质煤类。属低中—中灰、中等—中高挥发分、低硫，高热值，强黏结性—特强黏结性煤，具有强结焦性。煤炭保有资源量 52.20 亿 t，其中肥煤和焦煤 29.72 亿 t，是安徽重要的稀缺焦化用煤生产基地。

(十一) 开平矿区

开平矿区位于唐山市开平区和丰南区境内。位于华北板块(Ⅰ级)、燕山活动构造带(Ⅱ级)、马兰峪复式背斜(Ⅲ级)、开滦台凹(Ⅳ级)大地构造单元范围内。由一开阔向斜构成,该向斜轴向总体北东,枢纽朝南西方向倾伏,西北翼倾角陡,局部直立倒转。在其轴部及其西北翼的急倾斜部位,逆断层发育,该部位的煤层呈现粉末状,变质程度高于其他部位的同一煤层。含煤地层主要是太原组和山西组,总厚度220.00m,含煤13层,其中6~9层可采,总厚度17.00m,含煤系数11.00%,其中以9煤、12-1煤、14煤为主要可采煤层。原煤灰分为11.58%~40%,挥发分30.34%~41.4%,硫分0.59%~2.22%。煤类以肥煤为主,气煤和焦煤次之,向斜浅部向深部煤层$R_{o,max}$由0.60%升高至1.56%以上,煤级依次增高。开平煤田煤炭保有资源量38.40亿t,焦化用煤保有资源量27.70亿t,其中1/3焦煤3.71亿t、肥煤21.97亿t、瘦煤2.02亿t,肥煤保有资源量占全国肥煤保有资源量的9.20%。开平矿区是河北稀缺焦化用煤基地,是我国肥煤主要保护区。

(十二) 鸡西矿区

鸡西矿区位于黑龙江东南部,地跨鸡西、鸡东及林口、密山,东西长约135.00km,南北冀约25.00km,面积约3375.00km²,矿区内断裂按走向可分为南北向、东西向、北东及北东东向、北北走向、北西及北西西向和北北西向6组,断裂数量多,期次多,并相互切剖,比较复杂。煤层如下:城子河组含煤40~56层,其中可采7~20层,可采煤层累厚4.8~17.23m;穆棱组含煤20余层,可采及局部可采1~8层,煤的灰分一般为4.10%~27.00%,挥发分15.80%~38.30%,发热量34.30~36.50MJ/kg。煤类以焦煤为主,气肥煤、瘦煤煤次之。煤炭保有资源储量59.62亿t,其中焦煤10.49亿t,焦化用煤保有资源量17.73亿t。

(十三) 鹤岗煤田

鹤岗煤田位于黑龙江东部,佳木斯以南萝北及汤原境内,总面积1322.00km²,属于中国东北聚煤区东部的晚侏罗世煤田。总体呈南北向向斜构造,西部和北部为侵蚀边界,东部为鸭蛋河边界断裂,南部被北东向佳依地堑所切。盆地内主构造复杂,断裂众多,相互切割,将含煤地层切剖成堑垒、阶梯状构造。主要发育有城子河组和穆棱组两套含煤地层,城子河组含煤41层,可采和局部可采36层。煤的灰分一般为7.53%~40%,挥发分80.31%~42.83%,硫分低于0.50%,磷低于0.05%,发热量16.72~32.73MJ/kg。煤类以气煤、焦煤为主,肥煤、弱黏煤次之,主要煤层均属低硫、低磷煤。煤炭保有资源储量20.37亿t,其中焦煤、肥煤13.29亿t,属于稀缺焦化用煤。鹤岗煤田煤类以焦化用煤为主,煤质优良,十分适宜炼焦,是我国东北地区重要的稀缺焦化用煤基地。

(十四) 横城矿区

横城矿区位于宁夏东部灵武县城东北约30.00km,属于宁东煤田,矿区分为马莲台、红石湾、任家庄和丁家梁四个井田，矿区的南部是横城深部预测区和刘家庄预测区。横城矿区主要赋存于横城复背斜中，其构造特征为叠瓦状高角度逆冲断层，每个叠瓦扇断夹块间形成逆冲褶皱。区内岩层和煤层发生褶皱变形，其基本构造形态为一复向斜，但其西翼被逆冲断层切割，矿区形成逆冲褶皱构造；褶皱走向近南北向，两翼不对称，煤层埋藏东浅西深。横城矿区含煤地层为石炭系—二叠系太原组和山西组。各煤层以 1/3 焦煤为主，局部为气肥煤，矿区北部为气煤。横城矿区各煤层水分较高，平均为 1.45%～1.76%，硫分较高，为 2.44%～2.52%，其精煤挥发分为 33.21%～49.78%，镜质组反射率在 0.70%～1.30%变化，平均 0.80%，惰质组含量为 9.40%～36.93%。焦化用煤保有资源量为 11.46 亿 t。

第四节　保护性开发区建议

(一)焦化用煤实行区域性规划，从空间和时序上调控焦化用煤区域生产总量

综合分析研究我国焦化用煤不同区域的实际需求量，考虑焦化用煤区域资源量、区域需求等方面因素，调控不同区域焦化用煤的生产量及趋势，满足需求的同时，保障焦化用煤产业的可持续发展。山西焦化用煤保护性开发区包括霍州、离柳、西山古交、乡宁四大矿区，保护性开发资源量占全国焦化用煤保护性开发总量的 45.27%，应重点调控山西四大保护性开发区焦化用煤生产总量，其次重点调控华南焦化用煤保护区六盘水煤田焦化用煤生产总量，规划华南焦化用煤供应。

(二)严格控制焦化用煤的利用途径

调查保护性开发区焦化用煤的实际利用情况，重新评估保护性开发区焦化用煤利用途径，对洗选之后能用于炼焦的焦化用煤禁止当动力煤直接燃烧，重新规划保护性开发区产量，稀缺焦化用煤原煤入选，回收洗选炼焦精煤用于炼焦。

(三)改革焦化用煤采煤方法，加强回采率的监督管理，保证回采率

保护性开发区要淘汰落后的采煤工业，改革焦化用煤的采煤方法，提高焦化用煤资源回收率。并且目前存在煤炭资源回采率管理体制不完善，监督不到位，管理弱化等问题，应针对保护性开发区焦化用煤的具体矿区情况，制定适当的回采率，加强回采率监督管理。

(四)建设大型煤焦化基地，提高入洗率

在焦化用煤保护性开发区资源量多、开采规模大的区域附近，同时建设大型煤焦化基地，中煤就地转化，供坑口电厂发电，这样既可以提高焦化用煤资源入洗率，充分利用焦化用煤资源，又可以减轻铁路运输压力。

第九章

结　语

焦化用煤资源调查工作收集整理了全国新一轮煤炭资源预测资料、专题研究和科研最新成果，以及全国主要煤矿区的煤质资料，统计了宏观分析、煤质指标、利用情况等资料，在圈定的全国焦化用煤资源重点矿区开展野外地质调查工作，并采集煤岩和煤质分析测试样品、岩矿鉴定及测试、煤灰成分分析等，在此基础上，综合分析研究，取得的主要成果如下。

(1)我国焦化用煤资源量较大，但优质焦化用煤资源少，按目前炼焦原煤消耗计算，我国焦化用煤只能满足近几十年炼焦需求，而且我国焦化用煤分煤类资源量与需求量不匹配，气煤资源量大，但生产需求量小，而肥煤、焦煤等主焦煤资源量小，需求量大。目前优质焦煤、肥煤短缺已成为部分企业保障焦炭质量的障碍。

(2)我国焦化用煤保有储量占用率比煤炭保储量占用率高一倍多，焦煤和肥煤资源的耗竭速度明显大于其他煤炭资源，焦化用煤主要生产基地绝大部分已开发或即将开发，利用过程中相当一部分焦化用煤被当作动力煤使用，长远发展下去必将出现焦化用煤资源紧缺。

(3)2004年开始，随着时间的推进，中国焦化用煤国内供需缺口持续扩大，依赖部分净进口量，但随着2008年全球金融危机，全球焦化用煤产能的增加导致2011年以后供应大于需求的局面越来越明显，从当前情况分析，今后一段时间中国煤炭需求低速增长，供应能力继续增加，加之当前中国煤炭进口大量增长、国内去库存压力依然较大，预计焦化用煤市场将继续维持总量宽松的供求格局。

(4)我国焦化用煤分布集中，主要分布于华北赋煤区，统计分析我国五大赋煤区焦化用煤分布的主要矿区/煤田，发现山西焦化用煤资源量大，分布矿区多，是我国重要的焦化用煤分布省份，将山西作为重点省份，对其焦化用煤资源分布情况进行详细分析研究。

(5)我国焦化用煤在各赋煤区均有资源量分布，焦化用煤保有资源量为 2695.95 亿 t，其中华北赋煤区焦化用煤保有资源量为 2203.34 亿 t，占全国焦化用煤保有资源量的82.73%，东北赋煤区焦化用煤保有资源量为 217.44 亿 t(占全国保有资源量的 8.07%)，华南赋煤区焦化用煤保有资源量为 195.20 亿 t(占全国保有资源量的 7.24%），西北赋煤区焦化用煤保有资源量为 72.05 亿 t(占全国保有资源量的 2.67%），滇藏赋煤区焦化用煤保有资源量为 613.40 万 t(占全国保有资源量不足 0.01%）。

（6）我国稀缺焦化用煤 80% 保有资源量分布于山西、河北、贵州、河南和陕西等省份，其中：山西稀缺焦化用煤保有资源量最多，约 789.60 亿 t，占全国稀缺焦化用煤总量的 44.96%，其次为河北(194.25 亿 t，11.06%）、贵州(139.63 亿 t，7.95%）、河南(127.04 亿 t，7.23%）。

（7）全国稀缺焦化用煤焦煤保有资源量约 657.95 亿 t，占稀缺焦化用煤资源总量的 37.44%。瘦煤保有资源量约 449.52 亿 t，占稀缺焦化用煤总量的 25.58%；肥煤保有资源量约 238.70 亿 t，占稀缺焦化用煤总量的 13.58%；未分类的保有资源量约 165.24 亿 t，占稀缺焦化用煤总量的 9.40%；气肥煤保有资源量约 115.42 亿 t，占稀缺焦化用煤总量的 6.57%；1/3 焦煤保有资源量约 129.59 亿 t，占稀缺焦化用煤总量的 7.37%。

（8）焦化用煤资源量主要分布于山西离柳、西山古交、霍州、乡宁、沁源矿区，河北平原含煤区，河南平顶山矿区，贵州六盘水矿区，青海省木里煤田；瘦煤资源量主要分布于山西乡宁、西山古交、汾西、武夏、霍东、阳泉矿区，陕西韩城、澄合、铜川矿区，河南平顶山矿区、禹州煤田；肥煤资源量主要分布于山西霍州、汾西、离柳、西山古交矿区，内蒙古桌子山矿区，贵州六盘水矿区，河北开平矿区，安徽临涣矿区；气肥煤资源量主要分布于河北平原含煤区，山西霍州矿区；1/3 焦煤资源量主要分布于山西离柳、霍州、岚县、大同、轩岗矿区，内蒙古桌子山矿区，安徽涡阳矿区。

（9）焦化用煤资源储量超过 5 亿 t 的焦化用煤大型矿区有 46 个，大型矿区焦化用煤保有资源量约 2632.84 亿 t，占全国焦化用煤保有资源总量的 97.66%。焦化用煤资源储量为 2 亿～5 亿 t 的中型矿区有 5 个，中型矿区焦化用煤保有资源量约 19.74 亿 t，占全国焦化用煤保有资源总量的 0.73%。资源储量小于 2 亿 t 的小型矿区有 159 个，小型矿区焦化用煤保有资源量约 43.37 亿 t，占全国焦化用煤资源总量的 1.61%。六盘水煤田稀缺焦化用煤保有储量为 123.00 亿 t，资源储量超过 50.00 亿 t，为焦化用煤大型煤田。

（10）结合我国焦化用煤统计的资源量和 2017 年焦化用煤产量，对我国焦化用煤的开采年限进行预测。按我国煤炭资源总回收率低为 45.00% 计算，预测我国焦化用煤还可开采 111 年，各煤类的可采年限分别为：气肥煤 67 年，肥煤 93 年，1/3 焦煤 38 年，焦煤 124 年，瘦煤 273 年。若总回收率能达到 55.00%，则我国焦化用煤还可开采 136 年，各煤类的可采年限分别为：气肥煤 81 年，肥煤 114 年，1/3 焦煤 47 年，焦煤 152 年，瘦煤 334 年。

（11）本次划定焦化用煤保护性开发区 16 个：山西乡宁、西山古交、离柳、霍州、沁源矿区，河北平原含煤区、开平矿区，河南平顶山矿区，安徽临涣、涡阳矿区，黑龙江鹤岗、鸡西矿区，内蒙古桌子山矿区，贵州六盘水煤田，宁夏横城矿区，青海木里煤田。焦化用煤保护性开发区保有资源总量为 1032.37 亿 t，占全国稀缺焦化用煤保有资源量的 58.78%。对保护性开发区的焦化用煤的开发利用提出建议。

参 考 文 献

白向飞, 张宇宏. 2013. 中国炼焦商品煤质量现状分析[J]. 煤质技术, (1): 1-3.

白向飞, 王越. 2015. 中国炼焦商品煤工艺性能及国内外焦化用煤对比分析[J]. 煤质技术, (S1): 1-5.

曹代勇, 黄岑丽, 袁文峰, 等. 2008. 山西炼焦煤资源与开发利用现状分析[J]. 中国煤炭地质, 20(11): 1-3.

常毅军, 王社龙, 徐佳妮, 等. 2013. 中国炼焦煤资源保障程度与经济寿命分析[J]. 煤炭经济研究, 33(3): 53-55.

常毅军, 武建文. 2012. 当前炼焦煤市场行情及未来走势分析[J]. 煤炭经济研究, 4(32): 22-25.

常毅军. 2007. 山西煤炭资源及其开发战略评价[M]. 北京: 煤炭工业出版社.

陈利成. 2012. 炼焦煤基本面分析及行情展望[R]. 重庆: 中信建投期货.

陈鹏, 薛改凤, 贾丽晖, 等. 2016. 炼焦煤水分对胶质层质量的影响研究[J]. 武钢技术, 54(3): 4-6, 9.

陈鹏. 2006. 中国煤炭性质、分类和利用[M]. 北京: 化学工业出版社.

陈启厚. 2004. 焦炭强度与热性质控制因素分析[J]. 燃料与化工, 35(3): 8-11.

陈文敏, 白向飞, 丁华. 2015. 浅谈中国煤炭资源的高效洁净利用[J]. 煤质技术, (S1): 6-15.

程启国, 杨贵启, 庄林生, 等. 2000. 无烟煤配煤炼焦的应用[J]. 煤质技术, 2: 16-18, 23.

程子塈. 2017. 我国煤炭洗选加工和煤质现状及"十三五"展望[J]. 煤炭加工与综合利用, (5): 17-20.

崔洪江, 刘文波, 徐显贺. 2002. 应用不粘煤配煤炼焦[J]. 燃料与化工, 33(1): 4-6.

崔荣国, 郭娟. 2012. 保护我国焦化用煤刻不容缓[J]. 国土资源情报, (8): 9-12.

代世峰, 任德贻, 唐跃刚, 等. 1996. 用煤岩学观点评价乌达矿区煤的可选性[J]. 洁净煤技术, (4): 30-32.

邓小利, 徐飞, 王遂正. 2018. 中国稀缺炼焦煤资源分布特征[J]. 中国煤炭地质, 30(6): 26-29.

杜铭华. 2006. 中国炼焦煤资源及生产[J]. 煤质技术, (6): 1-3.

樊永山, 石耀祥, 潘莹, 等. 2008. 我国炼焦煤资源的合理开发与保护[J]. 山西焦煤科技, 11(3): 1-3.

高聚中, 邢荔波. 2014. 煤转化利用途径及发展趋势[J]. 煤质技术, (S1): 60-65.

高磊, 张淑炜, 胡俊玲. 2002. 掺用无烟煤炼焦的研究[J]. 贵州化工, 27(4): 1-4.

高相佐, 汤振清. 2004. 山东省煤炭资源现状及对策探讨[J]. 资源产业, 5(6): 30-32.

高莹, 郭文琦. 2010. 中国能源行业发展的现状、问题及对策[J]. 中外企业家, (12): 26-28.

韩永霞, 杨俊和, 钱湛芬, 等. 2000. 无烟煤配煤炼焦试验[J]. 燃料与化工, 31(2): 64-66.

胡德生. 2002. 灰成分对焦炭热性能的影响[J]. 钢铁, 32(8): 9-13.

胡德生, 吴信慈, 戴朝发. 2000. 宝钢焦炭强度预测和配煤煤质控制[J]. 宝钢技术, (3): 30-34.

黄岑丽, 袁文峰. 2009. 关于山西炼焦煤资源保护的政策建议[J]. 煤炭经济研究, (2): 12-14.

黄金干. 2004. 中国炼焦生产、消费和贸易与世界炼焦工业发展[J]. 中国钢铁业, (7): 15-17.

黄文辉, 杨起, 唐修义, 等. 2010. 中国炼焦煤资源分布特点与深部资源潜力分析[J]. 中国煤炭地质, 22(5): 1-6.

康西栋, 潘银苗, 胡善亭, 等. 1999. 煤的镜质组平均反射率绝对标准差(Ro, sd)作为配煤参数的应用[J]. 地学前缘, (增刊): 61-64.

孔德文, 陈永星, 闫宝忠, 等. 2015. 灰分对焦炭溶损反应起始温度的影响[J]. 燃料与化工, 46(3): 11.

李春林. 1995. 回归分析在煤质分析中的应用[J]. 徐煤科技, (1): 34-35.

李德波, 李仁东, 徐忠田. 2004. 当前我国焦炭市场供应紧张及走势分析[J]. 煤炭经济研究, 4(273): 12-13.

李丽英, 郭煜东. 2017. 我国炼焦煤资源储备及开发利用研究[J]. 煤炭经济研究, 37(9): 29-33.

李丽英. 2018. 我国炼焦煤产业供需形势级发展对策研究[J]. 煤炭工程, 50(4): 141-143, 148.

李丽英. 2019. 我国炼焦煤中长期供需预测研究[J]. 煤炭工程, 51(7): 150-155.

李新创. 2019. 新时代钢铁工业高质量发展之路[J]. 钢铁, 54(1): 1-6.

刘虎才, 冯静, 李培铖. 2015. 煤的灰成分对焦炭热态强度的影响[J]. 煤炭加工与综合利用, (8): 56.

刘建清, 孟繁英. 2002. 包钢炼焦用煤及焦炭质量[J]. 内蒙古科技与经济, (12): 197-199.

刘文郁, 曲思建. 2005. 内蒙古炼焦煤资源保护与焦化工业的可持续发展[J]. 洁净煤技术, 3(11): 5-10.

刘毅. 2013. 炼焦煤资源与煤焦化产业发展探析[J]. 煤炭资源, 3(4): 56-57.

马庆元. 2004. 中国炼焦煤资源的分布特征[J]. 煤炭科学技术, 3(32): 63-66.

毛节华, 许惠龙. 1998. 中国煤炭资源预测与评价[M]. 北京: 科学出版社.

毛绍胜, 邹勇军. 2012. 新余市梅山矿区(南区)煤质特征及原煤可选性研究[J]. 江西煤炭科技, (2): 115-117.

欧阳曙光, 周学鹰, 戴中蜀, 等. 2003. 炼焦用煤质量综合评价模型[J]. 武汉科技大学学报, 26(2): 129-131.

潘黄雄. 1994. 炼焦用煤的水分控制与管理[J]. 煤化工, (4): 36-41.

潘树仁, 李正越, 魏云迅, 等. 2020. 新时代煤炭资源全生命周期地质保障技术体系[J]. 中国煤炭地质, 32(1): 1-4.

潘伟尔. 2003. 中国炼焦煤供需现状及其发展趋势[J]. 研究与探讨, 11(25): 4-11.

潘伟尔. 2006. 近期我国炼焦煤供应变化趋势分析[J]. 研究与探讨, 1(28): 21-23.

钱纳新. 2001. 古交地区煤的粘结指数与灰分的关系[J]. 西山科技, (4): 15-16.

曲星武, 王金城. 1980. 煤的结构与变质因素的关系[J]. 煤田地质与勘探, (3): 20-28.

申明新. 2006. 河北省炼焦煤资源分布与利用[J]. 洁净煤技术, 3(12): 10-16.

申明新. 2007. 中国炼焦煤的资源与利用[M]. 北京: 化学工业出版社.

盛建文, 王鑫海, 江中砥. 2002. 添加无烟煤配煤的试验[J]. 燃料与化工, 33(5): 229-232.

盛明, 蒋翠蓉. 2008. 浅谈高硫煤资源及其利用[J]. 煤质技术, (6): 4-6.

石焕, 程宏志, 刘万超. 2016. 我国选煤技术现状及发展趋势[J]. 煤炭科学技术, 44(6): 169-174.

唐跃刚, 贺鑫, 程爱国, 等. 2015. 中国煤中硫含量分布特征及其沉积控制[J]. 煤炭学报, 9(40): 1977-1988.

田有刚. 2012. 探讨中国炼焦煤资源的合理开发与保护[J]. 中国—东盟博览, (12): 62.

涂华, 李文华, 白向飞. 2011. 中国煤中磷的分布特征[J]. 燃料化学学报, 39(9): 641-646.

王翠萍, 李雅楠. 2011. 煤岩配煤的试验研究[J]. 燃料与化工, 42(2): 10-12.

王丹. 2004. 关于炼焦煤在国际国内市场热销的分析[J]. 经济师, (7): 40-41.

王宏. 2018. 我国炼焦煤选煤技术现状及发展趋势[J]. 煤炭工程, (7): 18-22.

王会文. 2009. 开滦矿区炼焦煤资源分布及特性[J]. 煤质技术, (3): 1-3.

王晶莹, 樊利亚. 2005. 炼焦煤市场分析[J]. 山西焦煤科技, (1): 15-21.

王骏. 2009. 我国炼焦煤对外贸易分析与煤-焦-铁价格动态关系研究[J]. 国际贸易, (2): 22-27.

王利斌, 陈明波, 曲思建, 等. 2003. 添加无烟煤捣固法配煤炼焦研究[J]. 煤质技术, 3: 36-38.

王立冬. 2017. 煤焦化企业对煤质的要求分析[J]. 黑龙江科学, 8(4): 164-165.

王胜春, 张德祥, 陆鑫, 等. 2011. 中国炼焦煤资源与焦炭质量的现状与展望[J]. 煤炭转化, (34)3: 92-98.

王彤, 曹自由. 1990. 保护稀缺煤种开发王家岭矿井[J]. 煤矿设计, (2): 11-15.

王燕芳, 高晋生, 吴春来. 2001. 煤阶对无烟煤型焦质量的影响[J]. 煤炭转化, 24(1): 66-70.

王元顺, 李明富, 王文军. 2002. 无烟煤配煤炼焦试验与可行性[J]. 煤质技术, 4: 30-31, 36.

温香芹. 2012. 炼焦煤市场分析及走势预测[J]. 河北煤炭, (4): 74-76.

邬丽琼. 2007. 中国主要炼焦煤矿区的储量、产量和利用[J]. 煤质技术, (3-4): 20-23.

吴宽鸿, 陈亚飞, 于海兵. 2005. 我国炼焦煤与无烟煤的资源和生产能力[J]. 中国冶金, (15)7: 18-24.

吴宽鸿. 2003. 中国炼焦煤的现状[C]. 炼焦协会三届三次理事大会, 北京.

武晋晶. 2014. 炼焦煤中灰分对焦炭热性能的影响[J]. 山西化工, 34(6): 49.

夏玉成, 侯恩科. 1996. 中国区域地质学(煤炭高校编教材)[M]. 徐州: 中国矿业大学出版社.

项茹, 薛改凤, 陈鹏, 等. 2007. 炼焦煤镜质组反射率分布对焦炭显微结构和热性能的影响[J]. 煤化工, (5): 47-49, 52.

徐忠田. 2012. 对特殊和稀缺煤种实施战略性保护的建议[J]. 中国煤炭, 6(32): 22-24.

薛改凤, 项茹, 陈鹏, 等. 2009. 炼焦煤质量指标评价体系的研究[J]. 武汉科技大学学报, 32(1): 36-40.

闫淑文. 2018. 烟煤中粘结指数、挥发分、胶质层指数在配煤、炼焦中的作用及相关因素[J]. 华北国土资源, (2): 119-120.

杨海霞. 2011. "十二五"将确定炼焦煤开发布局[J]. 能源环境, (2): 64-66.

杨海霞. 2011. 稀缺煤: 保护性开发亟待加强[J]. 中国投资, (2): 67-68.

杨起, 潘沿贵, 翁成敏, 等. 1989. 华北晚古生代煤质演化及煤质预测[J]. 现代地质, (1): 102-110, 144.

杨永清, 张慧娟, 米杰. 2005. 高硫煤的利用途径[J]. 科技情报开发与经济, 15(5): 168-169.

叶元樵. 2002. 用无烟煤代替瘦煤配煤炼焦的实践[J]. 福建能源开发与节约, 2: 35-36.

尤玲, 等. 1998. 谈煤炭产品灰分与发热量的线性关系[J]. 煤炭技术, (2): 36-37.

张代林, 林慧薪, 王晓婷, 等. 2017. 炼焦煤灰分对其结焦性的影响规律[J]. 钢铁, 52(8): 10-18.

张世奎. 2005. 煤炭资源前景不容乐观[J]. 建材发展导向, (2): 39.

张群, 吴信慈, 冯安祖, 等. 2002a. 宝钢焦炭质量预测模型[J]. 燃料化学学报, 30(2): 62-66, 81.

张群, 杨俊和, 李依丽. 2002b. 煤中矿物质对焦炭溶损反应的作用[J]. 煤炭转化, 25(1): 62-66, 81.

张星原. 2004. 合理利用焦煤资源加速发展捣固炼焦[J]. 煤化工, (1): 14-17.

张勋, 王钰博, 邓存宝. 2015. 稀缺炼焦煤资源保护性开采产能控制模型[J]. 中国人口·资源与环境, 25(S1): 95-97.

曾节胜. 2009. 2010年我国炼焦煤供需平衡分析与展望[J]. 冶金管理, (11): 26-28.

智研咨询. 2016. 2012—2016年中国炼焦煤市场调研与投资前景分析报告[R]. 北京.

赵海舟. 1994. 烟煤接触变质带的煤岩学研究[J]. 煤炭学报, (5): 26-39.

郑文华. 2004. 中国炼焦工业现状及其发展趋势[J]. 中国煤炭, 10(30): 11-18.

周尽晖, 丁俊. 2014. 炼焦煤质量评价与问题分析[J]. 洁净煤技术, 20(4): 61.

《全国煤炭资源潜力调查评价项目》课题组. 2016. 全国煤炭资源潜力调查评价[R]. 北京: 中国煤炭地质总局.

Fuller E L J. 1982. Coal and Coal Products: Analytical Characterization Techniques[M]. Washington, DC: American Chemical Society.

Guelton N, Rozhkova T V. 2015. Prediction of coke oven wall pressure[J]. Fuel, 139: 692-703.

Gui X H, Yang Z L, Xing Y W, et al. 2017. Liberation properties of middling coking coal under shear force[J]. Powder Technology, 319: 483-493.

Guo Z, Fu Z, Wang S. 2007. Sulfur distribution in coke and sulfur removal during pyrolysis[J]. Fuel Processing Technology, 88(10): 935-941.

Hara Y, Sakawa M, Sakurai Y. 1980. The assessment of coke qulaity with particular emphasis on sampling technique//Lu W K. Blast Fumance Coke: Qulity, Cause and Effect[M]. Hamilton: McMaster University: 4-1-4-38.

Hays D, Patrick J W, Walker A. 1976. Pore structure development during coal carbonization. 1. Behaviour of single coals[J]. Fuel, 55(4): 297-302.

Kyung E J. 2012. The Effect of Coal Properties on Carbonization Behaviour and Strength of Coke Blends. School of Materials Science and Engineering of. MS[M]. Sydney: The University of New South Wales: 151.

Loison R, Foch P, Boyer A. 1989. Coke: Quality and Production[M]. London: Butterworths.

Marsh H, Clarke D. 1987. Mechanisms of formation of structure within metallurgical coke and its effect on coke properties[C]. First International Meeting on Coal and Coke Applied to Ironmaking, Rio de Janeiro: 9.

Nomura S, Arima T. 2000. Coke shrinkage and coking pressure during carbonization in a coke oven[J]. Fuel, 79(13): 1603-1610.

Nomura S, Arima T. 2001. The effect of volume change of coal during carbonization in the direction of coke oven width on the internal gas pressure in the plastic layer[J]. Fuel, 80(9): 1307-1315.

Soonho L, Yu J L, Merrick M, et al. 2018. A study on the structural transition in the plastic layer during coking of Australian coking coals using Synchrotron micro-CT and ATR-FTIR[J]. Fuel, 233: 877-884.

Vega M F, Fernández A M, E. Díaz-Faes C. 2017. Barriocanal, Improving the properties of high volatile coking coals by controlled mild oxidation[J]. Fuel, 191: 574-582.

Wang C. 2010. An analysis of coal tamping blending for coke making and its advantage[J]. China Coal, 11 (2): 5-9.